Kubernetes：建置與執行

Kubernetes: Up and Running
Dive into the Future of Infrastructure

Kelsey Hightower, Brendan Burns, and Joe Beda　著

林毅民（Sammy Lin）　譯

感謝 *Klarissa* 和 *Kelis* 讓我保持頭腦清楚。感謝母親教導我強烈的職業道德和超越一切的可能性。—*Kelsey Hightower*

感謝爸爸,他將打孔卡和點陣式印表機帶回家,讓我愛上電腦。—*Joe Beda*

感謝 *Robin*、*Julia*、*Ethan* 以及所有在我小學三年級時跟我買餅乾,讓我能購買 *Commodore 64* 的人。—*Brendan Burns*

目錄

序

Kubernetes：誠心致獻

Kubernetes 感謝每一位在半夜三點醒來重啟程式的系統管理員。感謝每一位將程式碼部署到生產環境的開發人員，卻發現並不像在自己電腦那樣地正常運行。感謝每一位將壓力測試位址指到生產環境上的系統架構師，只因為漏掉一些主機名稱沒修改到。因為這些痛苦且浪費生命的錯誤，才有 Kubernetes 的出現。以一句話表示：Kubernetes 從根本上簡化構建、部署和維護分散式系統。它的靈感來自於幾十年可靠的實際經驗，令人振奮的是它由底層開始設計。希望你喜歡這本書！

誰需要閱讀這本書

無論你是分散式系統的新手，或者是擁有多年雲端經驗的老手，容器與 Kubernetes 能讓你在速度、靈活性、可靠性和效率更上一層樓。本書會介紹到 Kubernetes 編排器（orchestrator）及工具，和利用 API 於提升分散式應用程式的開發、交付和維護。沒有 Kubernetes 的經驗也不要緊，充分利用這本書能夠讓你輕鬆地構建和部署基於伺服器的應用程式。如果你熟悉負載平衡器，和網路儲存等概念，對於你在學習 Kubernetes 上帶來幫助，但不是非常必要的。對於 Linux、Linux 容器和 Docker 的經驗上也是如此。

為什麼我們寫這本書

我們在 Kubernetes 創建之初參與這個專案。Kubernetes 了不起的是從出自於好玩的實驗，轉變成重要的生產級基礎架構。從機器學習到線上服務及不同領域的大規模應用。本書收錄了使用 Kubernetes 中的核心概念，以其背後的動機，越來越清楚顯示會對於雲端應用程序的開發有重要貢獻。我們希望藉由閱讀這本書，您不僅能學習如何在 Kubernetes 上建立一個可靠可擴展的應用程序，也能瞭解到分散式系統是如何建立與其本身所面臨的主要挑戰。

今日的雲端應用

從最初的程式語言到物件導向（object-oriented）程式設計；從虛擬化和雲端基礎架構的發展，計算機科學的歷史都是抽象發展，它隱藏著複雜性，不過它能夠構建更複雜的應用程式。儘管如此，可靠可擴展的應用程式開發，仍然是具有的挑戰性。近年來，像 Kubernetes 這樣的容器編排 API，從根本上簡化了可靠可擴展的分散式系統，而這是個重要的抽象概念。雖然容器和編排器（orchestrator）仍不是主流，但已經能使開發人員以快速、靈活和可靠的方式構建和部署應用程式，而在幾年前這樣的場景只會出現在科幻小說上。

本書導覽

本書的架構如下。第 1 章介紹 Kubernetes 的主要優點，我們會簡單介紹而不深入探討。如果你是第一次接觸 Kubernetes，那麼應該從這裡開始閱讀。

第 2 章詳細介紹容器和容器化應用程式的開發。如果你過去不曾使用過 Docker，那麼這一章對你會很有幫助。如果你已經是 Docker 專家，本章可做為參考。

第 3 章介紹如何部署 Kubernetes。雖然本書的大部分都著重於介紹如何 使 用 Kubernetes，但在開始使用之前，仍要將叢集啟動。如何運行生產環境叢集不在本書討論中，本章會介紹幾種建立叢集方法，以便你了解如何使用 Kubernetes。

第 5 章開始，將深入介紹部署應用程式的細節。裡頭會包含 Pod（第 5 章）、label 和 annotation（第 6 章）、Service（第 7 章）和 ReplicaSet（第 8 章）。這些都是 Kubernetes 中部署服務所需的核心知識。

之後，會介紹到 DaemonSet（第 9 章）、Job（第 10 章）、ConfigMap 和 secret（第 11 章）這些更專業的物件。雖然上面提到的章節，對於生產環境的應用程式都很重要，但如果你只是剛開始學習 Kubernetes，可先跳過這些章節，等到有更多經驗後再回來閱讀。

接著，我們會介紹 Deployment（第 12 章），它將整個應用程式的生命週期串在一起，並將儲存整合到 Kubernetes（第 13 章）中。最後會綜合一些 Kubernetes 中的開發，和部署實際應用程式的範例（第 14 章）。

線上資源

你需要安裝 Docker（*https://docker.com*）。如果你對 Docker 沒有很熟的話，請閱讀一下 Docker 的文件。

同樣，你需要安裝 kubectl 命令行工具（*https://kubernetes.io*）。你應該還想加入 Kubernetes 的 slack 頻道（*http://slack.kubernetes.io*），在那裡有很多使用者願意花時間討論和解答問題。

最後，隨著你越來越熟悉 Kubernetes，可以考慮參與 GitHub 上的開源 Kubernetes 儲存庫的開發（*https://github.com/kubernetes/kubernetes*）。

本書編排慣例

以下是本書中的編排慣例：

斜體字（*Italic*）

　　用於新的專有名詞、網址、Email 位址、檔案名稱和副檔名。中文以楷體表示。

定寬字（`Constant width`）

　　用於程式碼範例，以及在段落中指明程式元素，像是變數或函式名稱、資料、資料庫、資料型別、環境變數、陳述式和關鍵字。

定寬粗體字（**`Constant width bold`**）

　　用以表示需由讀者輸入的指令或文字。

定寬斜體字（*`Constant width italic`*）

　　用以表示應以讀者提供或上下文決定之值取代的文字。

 這個圖示表示提示、建議，或一般性註釋。

 這個圖示表示警告。

使用範例程式

在本書中的程式碼範例和習題等，都可以從以下網址下載：

http://github.com/kubernetes-up-and-running/examples

本書是要幫助讀者瞭解 Kubernetes。一般來說，讀者可以隨意在自己的程式或文件中使用本書的程式碼，但若是大量重製程式碼，則需要聯絡我們以取得授權許可。舉例來說，設計程式，其中使用數行來自本書的程式碼，並不需要許可；但是販賣或散布 O'Reilly 中 CD-ROM 的範例，則需要許可；引用本書並引述範例碼來回答問題，並不需要許可；但是把本書中的大量程式碼納入自己的產品文件，則需要許可。

還有，我們很感激各位註明出處，但並非必要舉措。註明出處時，通常包括書名、作者、出版商和 ISBN。例如：「*Kubernetes:Up and Running* by Kelsey Hightower, Brendan Burns, and Joe Beda (O'Reilly). Copyright 2017 Kelsey Hightower, Brendan Burns, and Joe Beda, 978-1-491-93567-5.」。

如果覺得自己使用程式範例的程度超出上述的許可範圍，歡迎與我們聯絡：*permissions@oreilly.com*。

## 第一章

前言

Kubernetes 是部署容器化應用程式的開源編排器（orchestrator）。最初由 Google 開發，靈感來自於十年間透過應用導向 API 部署可擴展且可靠的容器系統經驗[1]。

Kubernetes 不僅是 Google 開發的技術，還擁有豐富且持續成長的開源社群。Kubernetes 不但適合一般網路服務公司，也適合各種規模的雲端原生開發者，小至樹莓派（Raspberry Pi）叢集，大至充滿最新設備的資料中心。都可以透過 Kubernetes 建置和部署可靠又可擴展的分散式系統。

你可能好奇「可靠可擴展的分散式系統」是什麼。越來越多的服務透過 API 在網路上被實現著。這些 API 通常被分散式系統實現，運行在不同的機器上，和透過網路連接及溝通協調。因為我們在日常生活中越來越倚賴這些 API（例如：尋找最近醫院的路徑），所以這些系統必須有很高的穩定性。這可不能出錯，即使只是小部分的當機或是其他的問題。軟體更新或是其他的系統維護也是如此，都要保持可用性。最後，由於越來越多的人使用這些服務，因此必須具有高可擴展性，以便能跟上不斷增加的使用量，而不用徹底的重新設計分散式系統來改善服務。

---

[1] 由 Brendan Burns 以及其他人所著作的「Google 十幾年來從 Borg、Omega 和 Kubernetes 中得到的經驗教訓」，*ACM Queue* 第 14 卷（2016）：第 70-93 頁，網址：*http://bit.ly/2vIrL4S*。

無論你何時拿到這本書，無論你對於容器、分散式系統和 Kubernetes 的經驗多寡，我相信這本書會讓你充分使用 Kubernetes。

有很多原因驅使大家去使用容器或 Kubernetes 之類的容器 API，歸納起來，主要是以下這些原因：

- 速度
- 擴展（對於軟體和團隊）
- 抽象化基礎架構
- 效率

以下各節，將分別說明 Kubernetes 如何帶來這些好處。

速度

「速度」可說是當今軟體開發中的關鍵。軟體的交付方法不斷在改變，從盒裝光碟到每隔數小時便進行更新的網路線上服務。這意味著你和競爭對手的區別，通常是開發和部署新組件和功能的速度。

但特別注意，「速度」不是單純像字面上所代表的意思而已。雖然用戶期待著你持續改進服務，但他們更重視的其實是高可用性。從前我們可以每天半夜進行停機維護。但現在用戶期待在服務不中斷的前提下，軟體依然持續不斷地被更新。

所以，速度的衡量標準不只是每天或每小時提交了多少個功能，而是如何在保持高可用性服務的前提下提交功能。

透過容器和 Kubernetes 可以提供你迭代服務，且同時維持可用性。主要實現這點概念是不可變性、宣告式組態及即時自我修護系統。這些概念都互相關聯著，從根本提升穩定部署的速度。

不可變性的重要性

容器和 Kubernetes 都鼓勵開發者建置分散式系統時，遵循不可變基礎架構原則。在不可變基礎架構上，一旦 artifact 被建立，就不能被其他人改變。

傳統上，電腦和軟體系統都視為可變基礎架構來對待。在可變基礎架構上，改變是將更新一層一層地疊加在既有系統上。舉例來說，使用 apt-get 更新工具升級系統。我們執行 apt 依序下載需要更新的 binary，覆蓋到舊的 binary 上，並對配置文件進行修改。在可變基礎架構中，整個架構的目前狀態不能使用一個 artifact 來表示，而是一連串累積的系統更新與變更。在很多系統中，遞增更新不只來自系統升級，還有操作人員的修改。

相比之下，在不可變的系統中，不再是一連串的遞增更新與修改，而是建立一個全新的完整映像檔，只需要將新的映像檔替換舊的映像檔一個操作就完成了，不會有增量修改。可以想像，這是對於傳統組態管理的重大轉變。

在容器中為了實現不可變的概念，可以用這兩種方式升級你的軟體：

1. 登入容器中，執行指令下載新軟體，砍掉舊的伺服器再啟用新的。

2. 構建新的容器映像檔，放到容器儲存庫，砍掉舊的容器再啟用新的。

乍看之下，這兩個方法貌似沒什麼分別。那麼是其中什麼樣的行為使得構建新容器可以提升可靠性？

關鍵點在於建立 artifact，和紀錄如何建立的。這些紀錄可以讓你輕鬆了解新版本的差別，假設有錯誤發生，能夠確定什麼被更動和怎麼去修復。

此外，構建新的映像檔，而不是修改原來的映像檔，代表舊映像檔依然存在，當發生錯誤後，我們可以馬上回復上一版。相比之下，一旦用新的 binary 覆蓋舊的 binary，要回復成舊版幾乎是不太可能。

使用 Kubernetes 時，你最主要做的事情就是構建不可變的容器映像檔。Kubernetes 可以強制改變運作中的容器，不過這是當你已經無計可施時所用的極端做法，而這是個反面模式（例如：這是唯一的方法暫時修復生產環境系統中的關鍵任務）。即便如此，在災難發生過後，這些變更也必須要通過宣告式組態被記錄下來。

宣告式組態

容器的不可變性向外延伸到在 Kubernetes 叢集中如何描述運行中的應用程式。Kubernetes 中所有的物件都是利用**宣告式組態**，代表著系統期望的狀態。而 Kubernetes 會確保機器狀態符合你的期望。

就像可變對比不可變的基礎架構，宣告式組態成為**命令式組態**的替代選擇，因為命令式組態透過一連串的指令來定義，而不像宣告式組態直接宣告期望的狀態。而命令式指令定義動作，宣告式組態定義狀態。

為了理解這兩種方法，試想要為軟體產生三個一模一樣副本。命令式組態，會說「運行 A、運行 B 和運行 C」。而宣告式組態，會說「複製三份」。

因為宣告式組態直接描述狀態，所以它並不需要透過執行來被理解。它的作用會被具體的宣告。因為宣告式組態的影響，在執行前能夠被理解，所以不易出錯。此外，軟體開發中的傳統工具，像是原始碼管理（source control）、代碼審查（code review）和單元測試（unit testing），皆可用於宣告式組態，而在命令式指令是不可能辦得到。

宣告式狀態的資訊儲存於版本管理系統，並且 Kubernetes 能使狀態保持相符，即便是回滾（rollback）也變得相當簡單。很容易的重新使用上一個宣告狀態。由於命令式指令描述著如何從 A 點轉變到 B 點，通常不包含反向指令，所以在命令式指令是不太可能回滾的。

自我修護系統

Kubernetes 是個即時自我修護系統。當它收到需求配置時，不是單純地將目前狀態一次性的符合預期。它還會持續著確認目前狀態是否與需求狀態符合。意思是說 Kubernetes 不僅會初始化系統，而且它會保護系統不被任何的故障或干擾來破壞和影響可靠度。

一個比較傳統的操作人員會手動進行一些緩解程序或是人為干預來應對某些警報。命令式修復成本比較高（因為通常要一個 on-call 操作人員進行修復）。而且這通常比較慢，因為人必須要先醒來，然後才能登入系統進行回應。此外，因為就像前一節中所述，命令式程序存在著各種管理問題，導致使用它來進行修復操作比較不可靠。像 Kubernetes 的自我修護系統，能夠降低操作人員的負擔，而且能夠透過快速可靠的修復，進而提高系統整體可靠度。

我們用一個比較具體的自我修復例子來說，如果你向 Kubernetes 提出三個副本的需求，Kubernetes 不會只是幫你把三個副本建立後就結束了，它會持續的確認三個副本是否存在。如果你手動建立第四個，為了保持三個副本，它會將第四個砍掉。如果你手動移除了一個副本，為了維持需求狀態，它將會建立一個副本。

即時自我修護系統，改善了開發人員的效率，因為原本花在運維的時間和精力，可以轉換到開發及測試新功能上。

擴展你的服務和團隊

隨著產品的成長，為了開發它，擴展軟體和團隊是不可避免的。幸虧，Kubernetes 可以幫助你完成這些目的。Kubernetes 透過支援**去耦合**架構達到可擴展性。

去耦化

在去耦合架構下，每個元件透過定義 API 和服務負載平衡器與其他元件分離。API 和負載平衡器隔離每一個不同的系統。API 為實作者（implementer）和消費者（consumer）之間提供緩衝，而負載平衡器為每個服務的運行物件之間提供緩衝。

透過負載平衡器使得去耦化元件更容易擴展程式，因為只要增加了大小（和容量），不用做任何的調整或重新配置其他層面的服務，就可以擴展程式。

透過 API 使得去耦化伺服器更容易擴展開發團隊，因為每一個團隊只要專注在單一小型的**微服務**的領域就行了。微服務裡簡潔的 API，降低了構建和部署軟體時跨團隊的溝通負擔。這個溝通負擔通常是限制擴展團隊的主要因素。

讓擴展應用程式和叢集變簡單

具體來說，當你需要擴展服務時，Kubernetes 不可變與宣告式的特性，讓「改變」這事情變得很平常不過了。因為你的容器是不可變，而且副本數量只是個被定義在宣告式組態的數字，向上擴展服務只要修改組態檔、跟 Kubernetes 說新的宣告式狀態，最後讓它處理剩下的事。或者，你可以設定自動擴展讓 Kubernetes 幫你處理擴展的事情。

當然，這種擴展是假設你的叢集中有可用的資源。有時候你想要讓叢集能自身擴展，而 Kubernetes 也可以辦得到。由於叢集中每台機器都相同，且應用程式本身透過容器與機器資訊分離，因此新增資源只要把機器新增再加入叢集中。透過簡單的指令或預先製作的映像檔就能夠完成。

另外，預估所要擴展機器的資源是其中一項挑戰。如果你運行在實體機的基礎架構上，要取得新機器的時間會是以天或週為單位來計算。無論在實體和雲端基礎架構上，預估費用是相當困難的，因為很難估計特定的應用程式成長量或擴展需求。

而 Kubernetes 可以簡單的預測運算成本。為了理解這樣的情境，試想擴展 A、B 和 C 三個團隊，你會看到每個團隊成長的起起伏伏，因此造成難以估計。如果你是每個服務配一台機器，而資源不能共享，所以只能根據每個服務去預測其最大成長。如果你使用 Kubernetes 而不是特定的機器來區分開發團隊，便可以基於三個服務的總成長量來預估。將三個波動的成長率減少成一個，能夠降低統計雜訊並且產生較可靠的預測成長量。另外，從特定機器分離團隊，表示能從其他團隊的機器共享很少的資源，而且共用機器還可以進一步降低了與預測計算資源相關的開銷。

利用微服務擴展開發團隊

正如各個研究指出，理想的團隊規模是「兩個披薩團隊（two-pizza team）」或大約六至八人，因為這樣的規模往往會有良好共享知識、快速制定決策和共同的使命感。較大的團隊往往會受到等級階層、能見度低和內部爭鬥的影響，這會阻礙團隊的敏捷和成功。

但是許多專案需要非常多的資源，以達到它們的目標。因此，具備敏捷與達成產品最終目標的理想團隊規模間，往往存在著矛盾。

常見解決這種矛盾的方法是，將開發去耦化，以提供服務為導向的團隊，各自構建單一的微服務。每一個小團隊負責服務的設計，交付給其他小團隊。將所有服務集結在一起，正好是整個產品的最終實作。

Kubernetes 提供許多的抽象和 API，能簡單的構建去耦合微服務架構。

- Pod 或稱容器群，可以將不同團隊開發的容器映像檔劃分成單一個部署單位。

- Kubernetes service 提供負載平衡、命名服務以及發現另一個被隔離的微服務。

- Namespace 提供隔離和存取控制，定義每個微服務互相存取的程度。

- Ingress 提供一個易於使用的前端，可以結合多個微服務成單一的外部 API。

去耦化應用程式的容器映像檔與機器，意味著集中微服務在同一台機器而不互相干擾，進而降低微服務架構的成本。Kubernetes 支援健康檢查和 rollout 的功能，確保應用程式的部署有可靠的一致性，也確保團隊的微服務增加不會導致服務的生命週期和運維會有所不同。

一致性和擴展性的關注點分離

除了 Kubernetes 的一致性之外，去耦化和關注點分離，讓基礎架構的較底層大幅提升一致性。如此一來小而精實的團隊，能夠管理很多機器。我們已經詳細討論了應用程式容器和機器／作業系統的去耦化，但重要的是容器編排的 API 成為一個乾淨俐落的分界，它將應用程式與叢集的操作人員職責分開。稱做「各司其職，各安其位；不在其位，不謀其政。（not my monkey, not my circus）」。應用程式開發者，依據容器編排 API 提供的服務層級協議（service-level agreement, SLA），不用擔心怎麼實踐 SLA 的細節。同樣地，容器編排 API 可靠性工程師，專注在交付容器編排 API 的 SLA，而不用擔心運行在其上的應用程式。

關注去耦化的意思是，一個小團隊運行的 Kubernetes 叢集可以負責支援數百甚至是數千團隊的應用程式（圖 1-1）。同樣地，一個小團隊可以在全球負責十個（或更多）的叢集。必須注意的是，容器和 OS 的去耦合，能夠使 OS 可靠性工程師專注在個別機器 OS 的 SLA。這成為另一種職責分離，Kubernetes 操作人員依靠 OS 的 SLA，OS 操作人員僅需要關心 SLA。而且使你可以擴展規模較小的 OS 專家團隊去負責數千台機器。

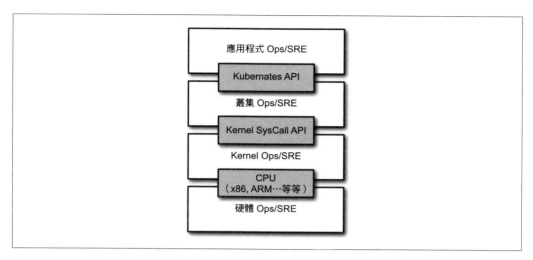

圖 1-1　說明不同團隊如何利用 API 進行去耦化

當然，投入一個團隊去管理 OS，是超出許多組織能力所及的事了。這個時刻，公有雲供應商提供了 Kubernetes-as-a-Service（KaaS）也是不錯的選擇。

撰寫本文時，你可以在 Microsoft Azure、Google Cloud Platform 上使用 KaaS，分別為 Azure Container Service 和 Google Kubernetes Engine（GKE）。而 Amazon Web Services（AWS）沒有類似的服務，可以透過 kops 的工具簡單安裝和管理 Kubernetes（請參閱第 27 頁：安裝 Kubernetes 在 Amazon Web Services 上）。

要不要使用 KaaS 或自行管理 Kubernetes，按照個人的技能和需求。通常對小規模的組織來說，KaaS 提供易用的解決方案，讓組織將時間精力專注於建構軟體，而不是管理叢集上。對於一個能夠負擔 Kubernetes 叢集專業管理團隊的大型組織來說，自行管理是有意義的，因為在叢集的功能和操作方面提供了更大的靈活性。

抽象化你的基礎架構

公有雲的目標是為開發人員提供易於使用的自助服務基礎設施。然而，雲端 API 往往圍繞在 IT 所期望的基礎架構而非開發人員想要使用的功能（例如：「虛擬機」而不是「應用程式」）。此外，常常會因應使用不同雲端服務供應商所提供的服務，而使用不同的實作方式。直接使用這些 API 會使應用程式難以運行在多個環境中，或在雲端跟實體環境之間傳播。

像 Kubernetes 採用應用導向容器 API 有兩個好處。第一個，就如我們上面所述，可以將開發人員從特定機器抽離出來。這不僅使機器導向的 IT 角色更輕鬆，因為擴展叢集只要新增機器進去就行了。而在雲端的環境中，由於開發人員正使用根據特定雲端基礎架構實作的高層次 API，因此也具有高度的可移植性。

當開發人員基於容器映像檔構建應用程式，並且基於便利的 Kubernetes API 部署它們，之後在不同甚至是混用環境間運行應用程式時，只要把宣告式組態送進新的叢集即可。Kubernetes 有很多外掛程式，可以抽象化特定的雲。例如：Kubernetes 能夠建立負載平衡器在主要的公有雲，以及私有和實體基礎架構。同樣地，PersistentVolume 和 PersistentVolumeClaim 可用於將應用程式從特定的儲存實作中抽象出來。當然，要實現這種可移植性，你要避免使用特定雲端供應商的特定服務（例如：Amazon 的 DynamoDB 或 Google 的 Cloud Spanner），要專注於部署和管理開源儲存解決方案，像是 Cassandra、MySQL 或 MongoDB。

綜合以上考量，將一切建立在 Kubernetes 應用導向的抽象概念之上，可以確保在構建、部署和管理應用程式所付出的努力，並真正達到各種環境間的可移植性。

效率

容器和 Kubernetes 除了對開發人員和 IT 管理有好處之外，抽象化也有具體的經濟效益。因為開發人員不再考慮機器，他們的應用程式可以集中在同一台機器上，而不會影響應用程式本身。這表示來自多個使用者的任務可以緊密安裝在更少的機器上。

效率可以藉由機器或程序執行的比率來衡量。當部署或管理應用程式時，很多工具和程序（例如：bash scripts、apt update 或命令式組態管理）是沒有效率的。討論到效率的時候，通常要考慮伺服器和人力成本。

運行一個伺服器，會產生耗電量、冷卻需求、資訊中心空間和原始運算能力的成本。一旦伺服器被裝上和打開電源（點擊和轉開），儀表板就開始運行了。任何的閒置 CPU 時間都是在浪費金錢。因此，持續保持且管理伺服器在可接受水平上的使用率，成為系統管理員工作的一部分。這就是容器和 Kubernetes 工作流程到來的原因。Kubernetes 提供工具讓應用程式自動分配在機器叢集上，確保比傳統方法提供更高的使用率。

進一步提高效率的方法，來自於開發人員個人專屬的一整組測試環境容器，能夠快速且便利地建立在共享的 Kubernetes 叢集中（使用 *namespaces* 功能）。以往為開發者準備一個測試叢集，可能意味著要開啟三台機器。透過 Kubernetes 讓所有開發人員共享一個測試叢集變得非常簡單，並將所有人集中在更小的機器群組內。降低整體機器數量，反而提高每個系統效率：因為每台單獨機器上的資源（CPU、RAM…等等）被充分利用，所以每個容器的整體成本變得更低。

為了實踐完整開發測試流程所需的過高開發機器成本將可以被降低。例如：透過 Kubernetes 部署應用程式，可以想像成開發人員貢獻的每一個 commit，都有自己的完整系統來部署及測試。

當每次部署的成本是以少量容器而不是多個完整的虛擬機器（VM）來衡量時，測試所產生的成本將顯著降低。回到 Kubernetes 的原始價值，增加測試也提升速度，因為程式碼的可靠度將會提升，當然詳細的測試資訊也有助於快速識別可能的問題。

總結

Kubernetes 徹底改變了在雲端構建和部署的方式。從本質上來說，它旨在為開發人員提供更快的速度、效率和敏捷。希望前面這個章節已經讓你了解到為什麼應該使用 Kubernetes 部署你的應用程式。既然你相信這一點，接下來的章節將會教你如何部署你的應用程式。

## 第二章

建立和運行容器

Kubernetes 是個建立、部署和管理分散式應用程式的平台。應用程式有各式各樣的規模，最後由一個或多個應用程式集合且運行於各個機器。這些應用程式接受輸入、處理資訊和回傳結果。我們在考慮建置分散式系統之前，我們需要考量的是如何建立使用於分散式系統的應用程式容器映像檔。

應用程式通常由語言執行階段（runtime）、程式庫（library）和原始碼組成的。通常應用程式，依賴著像是 libc 和 libssl 的外部程式庫。而這些外部程式庫，一般都安裝在機器中，並與其他元件共用。

當應用程式在程式設計師的筆記型電腦開發時，應用程式使用到的共享程式庫，會發生在生產環境的作業系統上無法使用。即使開發和生產環境使用相同版本的作業系統，也可能會發生當部署到生產環境時，開發人員忘記將資產（asset）檔案打包到封裝（package）裡。

只有當程式被部署在它應該運行的機器上，它才能夠執行成功。通常部署的技術水平牽涉到命令式腳本，而這又不可避免會有拜占庭將軍問題（Byzantine failure）發生。

最後，傳統運行多個應用程式在單一台機器時，所有的應用程式必須共享系統裡相同版本的程式庫。如果不同的應用程式，由不同的團隊開發，這些共享的依賴，在各個團隊之間，提高了不必要的複雜性和耦合化。

在第 1 章，我們強調不可變映像檔和基礎架構的重要性。事實證明，這正是容器映像檔所帶來的價值。稍後我們將會了解，它能夠解決剛剛提到的依賴管理和封裝問題。

在處理應用程式時，以映像檔方式打包，通常有助於輕鬆地與他人分享。Docker 是預設的容器執行階段引擎，它讓打包應用程式變得容易，並且輕鬆推送到遠端 registry 供他人之後直接取用。

在這裡，我為本書而寫了一個簡單的範例應用程式，幫助大家理解這個流程。你可以在 GitHub 找到這個應用程式（*https://github.com/kubernetes-up-and-running/kuard*）。

容器映像檔，將根目錄檔案系統下的應用程式和相依函式庫打包成單一 artifact。最受歡迎的容器映像檔格式是 Docker，正是 Kubernetes 主要支援的映像檔格式。Docker 映像檔還包括額外的中繼資料，容器執行時會使用它把映像檔中的應用程式啟動起來。

本章包含下列主題：

- 如何使用 Docker 映像檔格式打包應用程式
- 如何使用 Docker 容器的執行階段啟動應用程式

容器映像檔

對大部分的人來說，第一次接觸任何容器技術，都是從映像檔開始。容器映像檔是一個套件包裝，將所有執行應用程式必要的檔案封裝在作業系統容器中。第一次與容器接觸，不是從本機的檔案系統建構容器映像檔，就是從容器 *registry* 下載預先存在的映像檔。無論在哪個情況下，一旦映像檔存於電腦，你就可以透過執行該映像檔來產生一個在操作系統容器中運行的應用程式。

Docker 映像檔的格式

Docker 是最流行和普遍的容器映像檔格式，它由 Docker 開源社群開發，藉由 Docker 指令打包、發布和運行容器。為了標準化容器映像檔，隨後 Docker, Inc. 和其他人協同合作，將開源容器映像檔（OCI, Open Container Image）項目。雖然 OCI 的標準，在最近（在 2017 年中）發布 1.0 版本，但是要使用這個標準還太早。Docker 映像檔仍是業界標準，而開放容器映像檔，是由一系列的檔案系統層組成的。每一層新增、刪除或修改的檔案都來自檔案系統中的前一層。這是覆蓋型（*overlay*）檔案系統的其中一種。這種檔案系統，有各種不同的實作，包括 aufs、overlay 和 overlay2。

容器分層

容器映像檔是由一系列的檔案系統層所構成的，每一層都繼承和修改上層。為了清楚地了解，讓我們試著建立一些容器。要注意，正確的順序應該是從下往上，但為了容易理解，我們將反過來解釋。

```
.
└── container A: 只有基本的作業系統，像是 Debian
    └── container B: 構建在 #A 之上，新增 Ruby v2.1.10
    └── container C: 構建在 #A 之上，新增 Golang v1.6
```

此時，我們有三個容器：A、B 和 C。B 和 C 是由 A 分支出來的，除了容器的基本檔案之外，其他的都不會共享。接下來，我們可以基於 B 之上，新增 Rails（版本 4.2.6）。有些情況下，也想要支援舊有的應用程式，需要有舊版本的 Rails（例如：版本 3.2.x）。可以基於 B 的應用程式，構建容器映像檔，某天可以遷移至 Rails 4：

```
.（從上面接著繼續）
└── container B: 構建在 #A 之上，新增 Ruby v2.1.10
     └── container D: 構建在 #B 之上，新增 Rails v4.2.6
     └── container E: 構建在 #B 之上，新增 Rails v3.2.x
```

概念上，每個容器映像檔層，構建在前一層之上。每個父參照是個指標。這只是個簡單的例子，但在真實世界裡，容器可以是更大更廣泛的有向無環圖的一部分。

容器映像檔，通常包含容器組態檔，說明如何設定容器環境和應用程式進入點。容器組態，包含如何設定網路、namespace 隔離、資源限制（cgroups），以及運行的容器實例上應放置哪些系統調用限制的訊息。容器的根檔案系統和組態檔，通常透過 Docker 映像檔綁定在一起。

容器分為兩大類：

- 系統容器
- 應用程式容器

系統容器是虛擬機器，它通常會執行開機程序。包含系統服務，像是 ssh、cron 和 syslog。

應用程式和系統容器的差異是，應用程式容器通常運行單一應用程式。雖然在每個容器上運行單個應用程式看起來像是個不必要的限制，但它為組成可擴展應用程式提供良好的細分級別，且該設計理念受到 Pod 重度使用。

利用 Docker 建立應用程式映像檔

通常像 Kubernetes 這樣的容器編排系統，專注於構建和部署由應用程式容器組成的分散式系統。因此我們將在本章後續，重點介紹應用程式容器。

Dockerfile

Dockerfile 可用於自動建立 Docker 容器映像檔。接下來的範例描述構建 kuard（Kubernetes up and running）映像檔所需的步驟，這個映像檔既安全且輕量。

```
FROM alpine
MAINTAINER Kelsey Hightower <kelsey.hightower@kuar.io>
COPY bin/kuard /kuard
ENTRYPOINT ["/kuard"]
```

上面的純文字，存於一個純文字檔中，通常命名為 *Dockerfile*，用來建立一個 Docker 映像檔。

執行下面的指令，可以建立 kuard 的 Docker 映像檔。

```
$ docker build -t kuard-amd64:1 .
```

我們選擇基於 Alpine 構建的原因是因為 Alpine 是極小的 Linux 發行套件。因此，最後的映像檔大約 6 MB 左右，這樣比大多數基於完整操作系統（像是 Debian）構建的公開映像檔小很多。

此時我們的 kuard 映像檔存在於本機的 Docker registry，而且只能從單一機器存取。Docker 真正強大的能力，是可以讓數千的機器和廣大的 Docker 社群共享映像檔。

映像檔的安全

談到安全性，沒有任何一條捷徑。構建映像檔後，會運行在生產環境的 Kubernetes 叢集中，所以請確保遵守發布應用程式的最佳實踐原則。舉例來說，不能將密碼放在容器裡，不只是最後一層，在映像檔的任一層都不行。容器資料層有個反直觀的問題，就是刪除一個資料層，並不會從之前的資料層中刪除。它仍然佔用空間，任何擁有正確工具的人都可以存取，攻擊者可以創建一個包含密碼資料層的映像檔。

機密資訊和映像檔千萬不能放在一起。如果你這樣做，你會被駭客攻擊，並且會給你的公司或部門帶來羞辱。我們都想上電視，但有更好的方法上鏡頭的。

優化映像檔大小

當開始構建容器映像檔，會導致過大的映像檔時，有些地方要注意。首先要記住的是，藉著後續資料層刪除的系統檔案，依然存在於映像檔中，只是無法被存取。參考以下情況：

```
  ·
  └── 資料層 A：包含大檔案，名稱為「BigFile」
       └── 資料層 B：移除「BigFile」
            └── 資料層 C：建構於 B 之上，新增一個靜態 binary
```

你以為 *BigFile* 不再存在於這個映像檔內了。畢竟，當你在運行這個映像檔時，該檔案已經無法被存取。但事實上，該檔案仍然存在資料層 A，意思是每當你推送或提取這個映像檔，即使不能存取 *BigFile*，但這個檔案仍然透過網路傳送著。

另一個需要注意的地方是映像檔構建快取。請記住每一個資料層都是獨立延伸自其下的資料層。每次修改一個資料層，在該層之後的每一資料層都會更改。修改之前的資料層，意味著需要重建、重推送和重提取映像檔以部署到開發環境中。

要更理解深入，可以參考這兩個映像檔：

```
  ·
  └── 資料層 A：包含基本作業系統
      └── 資料層 B：新增原始碼 server.js
          └── 資料層 C：安裝「node」套件
```

與

```
  ·
  └── 資料層 A：包含基本作業系統
      └── 資料層 B：安裝「node」套件
          └── 資料層 C：新增原始碼 server.js
```

這兩個映像檔的行為很明顯是相同的，而且都是第一次被提取。想像一下，如果 *server.js* 改變，會發生什麼事。在第一種情況下，只需提取和推送 *server.js* 資料層。但是在第二種情況下，*server.js* 和 node 套件的資料層都需提取和推送，因為 node 資料層依賴 *server.js* 資料層。一般來說，為了優化推送和存取映像檔的大小，會按照修改頻率，從最少修改到最常修改來排序資料層。

儲存映像檔在遠端 registry

假如一個容器映像檔只能在一台機器使用，有什麼好處呢？

Kubernetes 倚靠著定義在 Pod manifest 檔中的映像檔設定，可以在叢集中的任一台機器被取得。讓映像檔被叢集中每一台機器取得的其中一個方法，就是匯出 kuard 映像檔，再匯入到叢集中的每一台機器。這樣管理 Docker 映像檔再繁瑣不過了。手動匯入匯出 Docker 映像檔的過程存在著人為疏失。請別這樣做！

Docker 社群中的標準做法是將 Docker 映像檔儲存在遠端的 registry 中。當談論到 Docker registry 時有許多的選擇，主要根據你的安全需求和協作功能來從中挑選。

一般來說，首先要思考的是，私有或是公共的 registry。公共的 registry 允許所有人下載映像檔，私有的 registry 需要驗證才能夠下載。在選擇公共還是私有的 registry 時，要考慮一下使用情境。

公共 registry 利於共享映像檔，因為不用驗證即可使用容器映像檔。你可以輕易地將軟體透過容器映像檔進行發布，並確信所有的使用者都擁有完全一致的使用體驗。

相反的，私有 registry 最適合儲存你的服務專用的應用程式，而你不想讓他人使用。

無論如何，要推送映像檔，必須向 registry 做身分驗證。雖然不同的 registry 有些差異，但通常可以利用 docker login 的指令做為身分驗證。在以下範例中，會將容器映像檔推送到 Google Cloud Platform registry，它也稱為 Google Container Registry（GCR）。對於託管公開映像檔的新手來說，Docker Hub（*https://hub.docker.com*）是很好的開始。

登入後，你可以透過預先添加目標 Docker registry 標記 kuard 映像檔。

```
$ docker tag kuard-amd64:1 gcr.io/kuar-demo/kuard-amd64:1
```

然後，推送 kuard 映像檔：

```
$ docker push gcr.io/kuar-demo/kuard-amd64:1
```

現在 kuard 映像檔已經在遠端 registry，這時候可以利用 Docker 部署它了。因為我們推送到公共的 Docker registry，因此映像檔不需驗證被存取。

Docker 容器的執行階段

Kubernetes 提供了 API 來描述如何部署應用程式。這些 API 是目標容器作業系統的原生 API，可以讓應用程式運行在容器中。在 Linux 系統上，這意味著配置 cgroup 和 namespace。

Kubernetes 預設的容器執行階段是 Docker。Docker 提供在 Linux 和 Windows 作業系統上，建立應用程式容器的 API。

利用 Docker 運行容器

使用 Docker CLI 工具能夠部署容器。要從 gcr.io/kuar-demo/kuard-amd64:1 映像檔部署容器，請執行以下指令：

```
$ docker run -d --name kuard \
  --publish 8080:8080 \
  gcr.io/kuar-demo/kuard-amd64:1
```

因為每個容器有自己的 IP 位置，所以容器內的 *localhost*，無法在本機上監聽。沒有連接埠轉發，就無法連結到本機。這個指令會運行 kuard 及映射容器的 8080 埠對應在本機的 8080 埠上。

探索 kuard 應用程式

kuard 運行著一個簡單的 Web 介面，可以使用瀏覽器打開 *http://localhost:8080* 或透過以下的指令載入。

```
$ curl http://localhost:8080
```

kuard 中也有很多有趣的功能，在本書後面會提到。

限制資源使用

Docker 能夠透過 Linux 核心內底層的 cgroup 技術，限制應用程式資源的使用率。

限制記憶體資源

在容器中運行應用程式的一個主要好處是能夠限制資源使用率。這允許多個應用程式共存於同個硬體中，並且確保資源的合理使用。

若要將 kuard 限制為 200 MB 記憶體和 1 GB 硬碟置換空間，可以在 docker run 指令中，利用 --memory 和 --memory-swap 的旗標。

停止和移除目前的 kuard 容器：

```
$ docker stop kuard
$ docker rm kuard
```

然後使用適當的旗標啟動另一個 kuard 容器以限制記憶體使用情況：

```
$ docker run -d --name kuard \
  --publish 8080:8080 \
  --memory 200m \
  --memory-swap 1G \
  gcr.io/kuar-demo/kuard-amd64:1
```

限制 CPU 資源

主機另一個重要的資源是 CPU。要限制 CPU 使用率，可以在 docker run 指令，利用 --cpu-shares 的旗標。

```
$ docker run -d --name kuard \
  --publish 8080:8080 \
  --memory 200m \
  --memory-swap 1G \
  --cpu-shares 1024 \
  gcr.io/kuar-demo/kuard-amd64:1
```

清除

當你構建完成映像檔，可以利用 docker rmi 移除它：

```
docker rmi <tag-name>
```

或

```
docker rmi <image-id>
```

可以透過標籤名稱（例如：`gcr.io/kuar-demo/kuard-amd64:1`）或是映像檔 ID 移除映像檔：如同 docker 工具中的所有 ID 一樣，只要映像檔 ID 保持唯一的，它可以不用輸入這麼長。通常只需要三到四個字元。

特別注意的是除非你明確移除映像檔，否則*即使*你用相同名稱構建新的映像檔，該映像檔也會永久存在於你的系統中。利用相同的標籤構建新的映像檔，只會將標籤移動到新的映像檔，並不會刪除或是取代舊的映像檔。

因此，當你不斷建立新的映像檔，通常會建立許多不同的映像檔，最終佔據你電腦中許多不必要的空間。

可以利用 `docker images` 指令，查看目前存在於機器上的映像檔，可以刪除不再使用的映像檔。

有個較複雜的方法移除映像檔案是設定一個 cron job 定期來運行映像檔垃圾回收器。`docker-gc`（*https://github.com/spotify/docker-gc*）是一個常用的映像檔垃圾回收器，常見的作法是將它設置成簡易的 cron job，取決於你建立的映像檔數量，每天或是每小時執行一次。

總結

容器為應用程式提供了簡潔的抽象化程序，當應用程式封裝成 Docker 映像檔時，它變得易於構建、部署和發布。也提供了在同一台機器上運行多個應用程式，保持之間的隔離性，這有助於避免相依性衝突。容器具有掛載外部目錄的能力，意思是我們不僅能在容器中運行無狀態應用程式，也能夠運行產生大量資料的應用程式，像是 `influxdb`。

## 第三章

部署 Kubernetes 叢集

現在，你能夠成功的構建應用程式容器，就有動機去學習如何將容器部署進完整、可靠和可擴展的分散式系統。當然，要做到這一點，你需要一個可操作的 Kubernetes 叢集。此時，有很多基於雲端的 Kubernetes 服務，可以透過數行指令輕鬆建立叢集。如果你剛開始入門 Kubernetes，強烈建議使用這樣的方式。即使你最終計畫在裸機（bare metal）上運行 Kubernetes，這樣的方法能夠快速入門及學習 Kubernetes，進而了解如何將其安裝在實體機器上。

當然，使用基於雲端的解決方案，必須要支付這些資源的費用，以及需要有可用網路連接上雲端。所以相比之下，本機開發可能會更具吸引力，在這種情況下，minikube 工具讓你很輕易在筆電或是桌機的虛擬機器裡運行本地端的 Kubernetes 叢集。雖然很吸引人，但 minikube 只會建立單節點的叢集，無法展現 Kubernetes 叢集各方面的功能。所以會建議從基於雲端的解決方案開始，除非不符合使用情境。如果你堅持從裸機開始，本書最後的附錄 A，提供建立於樹莓派叢集的教學。這個教學，會使用 kubeadm 工具，它適用於像是樹莓派或是其他的單板機。

安裝 Kubernetes 在公有雲上

本章會介紹，在三大雲服務上，Amazon Web Services（AWS）、Microsoft Azure 和 Google Cloud Platform 安裝 Kubernetes。

Google 容器服務（Container Service）

Google Cloud Platform 提供名為 Google Container Engine（GKE）的 Kubernetes 託管服務（Kubernetes-as-a-Service）。要開始使用 GKE，需要有啟用帳務功能的 Google Cloud Platform 帳號，和安裝 gcloud 工具（*https://cloud.google.com/sdk/downloads*）。

當安裝 gcloud 後，需設定預設區域：

```
$ gcloud config set compute/zone us-west1-a
```

然後可以開始建立叢集：

```
$ gcloud container clusters create kuar-cluster
```

建立叢集需要花個幾分鐘。建立後，你可以利用以下指令，取得叢集的憑證：

```
$ gcloud auth application-default login
```

此時，你應該有一個配置完成的叢集，且一切已準備就緒。除非想安裝 Kubernetes 在其他公有雲上，不然可以直接跳到第 29 頁的「Kubernetes 的客戶端」的章節。

如果遇到問題，可以在 Google Cloud Platform 參考文件上，找到建立 GKE 叢集的更完整教學（*http://bit.ly/2ver7Po*）。

安裝 Kubernetes 在 Azure 容器服務上

微軟 Azure 的容器服務（Container Service）中，提供 Kubernetes 託管服務（Kubernetes-as-a-Service）。最簡單入門 Azure 容器服務的方法，是使用 Azure 入口網站中的 Azure Cloud Shell。你可以點擊 shell 的圖示，啟用 shell：

這個圖示在右上角的工具列。該 shell 具有自動安裝並配置個人 Azure 工作環境的 az 工具。

或者，你可以在本機安裝 az 命令行介面（*https://github.com/Azure/azure-cli*）。

當完成安裝 shell 後，可以利用以下指令，建立資源群組：

```
$ az group create --name=kuar --location=westus
```

當資源群組被建立，可以利用以下指令，建立叢集：

```
$ az acs create --orchestrator-type=kubernetes \
  --resource-group=kuar --name=kuar-cluster
```

建立叢集需要一點時間，建立後，可以利用以下指令，取得憑證：

```
$ az acs kubernetes get-credentials --resource-group=kuar --name=kuar-cluster
```

如果還沒安裝 kubectl 的話，可以透過以下指令安裝：

```
$ az acs kubernetes install-cli
```

可以在 Azure 參考文件上（*http://bit.ly/2veqXYl*），找到在 Azure 上安裝 Kubernetes 的更完整教學。

安裝 Kubernetes 在 Amazon Web Services 上[譯註]

AWS 目前沒有託管 Kubernetes 的服務。在 AWS 上管理 Kubernetes 是個快速成長的領域，經常引入全新和改良的工具。這邊有幾個方法，可以簡單的入門：

- 參考本書建議的「利用 Heptio 快速入門 Kubernetes」資源（*http://amzn. to/2veAy1q*），是建立適合探索的小型 Kubernetes 叢集的最簡單方式。它是一個可以透過 AWS 控制台建立叢集的簡單 CloudFormation 範本。

[譯註] AWS 於 2017 年 11 月推出了 Amazon Elastic Container Service for Kubernetes（Amazon EKS）託管 Kubernetes 的服務，在譯者翻譯時還是預覽版。

- 要獲得更全面的管理解決方案，請考慮使用名為 kops 的專案。你可以從 GitHub 裡找到如何透過 kops 在 AWS 上安裝 Kubernetes 的完整教學（*http://bit.ly/2q86l2n*）。

在本機透過 minikube 安裝 Kubernetes

如果想要有本機開發的經驗或者不想要為雲端資源付費，可以用 minikube 安裝簡易的單節點叢集。雖然 minikube 只是 Kubernetes 叢集的良好模擬版本，但它確實適用於本機開發、學習和實驗。由於它只能在單節點上的虛擬機器中運行，因此不能提供分散式 Kubernetes 叢集的可靠性。

另外，本書將提到的部分功能，需要集成雲端供應商的資源。這些功能在 minikube 上會變得不可用或是有所限制。

 要使用 minikube，必須在機器上安裝 hypervisor。在 Linux 和 macOS，一般是使用 virtualbox（*https://virtualbox.org*）。在 Windows，Hyper-V 的 hypervisor 是預設選項。使用 minikube 之前，請確認是否安裝 hypervisor。

可以在 GitHub 上找到 minikube 工具（*https://github.com/kubernetes/minikube*）。分別有可供 Linux、macOS 和 Windows 下載的 binary 檔案。當完成安裝 minikube 工具後，可以利用以下指令，建立本機的 Kubernetes 叢集：

```
$ minikube start
```

這個動作將會建立本機虛擬機器、配置 Kubernetes 叢集，並新增一個指向該叢集的本機 kubectl 組態檔。

當完成叢集，可以透過以下指令停止 VM：

```
$ minikube stop
```

如果想要移除叢集，可以執行以下指令：

```
$ minikube delete
```

在樹莓派上，運行 Kubernetes

如果想要嘗試運行真實的 Kubernetes 叢集，又不想付太多費用。可以在樹莓派上運行 Kubernetes 叢集，相對來說便宜很多。本章不包含建構這樣的叢集，這個的細節超出本章的範圍，但可以參考本書最後的附錄 A。

Kubernetes 的客戶端

官方 Kubernetes 的客戶端是 kubectl，一種用在與 Kubernetes API 互動的命令行工具。kubectl 可以管理大部分的 Kubernetes 物件，像是 Pod、ReplicaSet 和 service。kubectl 也能夠探測和驗證叢集的整體健康狀態。

我們將使用 kubectl 工具來探測剛才建立的叢集。

檢查叢集狀態

首先可以利用以下指令，檢查叢集的版本：

```
$ kubectl version
```

這將顯示兩個不同的版本：分別是本機 kubectl 工具的版本以及 Kubernetes API 伺服器的版本。

不用擔心這兩個版本不一致。Kubernetes 工具是可以相容前後不同版本的 Kubernetes API，前提是工具和叢集在 2 個次要（minor）版本內相同，以及不要使用新的功能在舊的叢集上。Kubernetes 根據語意化版本規範，次要版本為於中間的數字（例如：1.5.2 的版本，5 是次要版本）。

現在我們已經確定你可以與 Kubernetes 叢集連線，接下來我們將更深入探索叢集本身。

首先可以對於叢集做簡單的偵錯。這是驗證叢集整體健康狀態的好方法。

```
$ kubectl get componentstatuses
```

輸出訊息應如下所示：

```
NAME                 STATUS    MESSAGE              ERROR
scheduler            Healthy   ok
controller-manager   Healthy   ok
etcd-0               Healthy   {"health": "true"}
```

可以看見構建 Kubernetes 叢集的元件。controller-manager，負責運行各種管理叢集內運轉狀態的控制器（例如，確保服務的所有 replica 都是可用且健康的）。scheduler，負責將不同的 Pod 放置到叢集中不同的 node 上。最後，etcd 伺服器是儲存叢集內所有 API 物件的資訊。

列出 Kubernetes 的工作節點

接下來，我們可以列出叢集中的 node：

```
$ kubectl get nodes
NAME         STATUS          AGE
kubernetes   Ready,master    45d
node-1       Ready           45d
node-2       Ready           45d
node-3       Ready           45d
```

你可以看到這是一個擁有 4 個 node 的叢集，它們已經運行了 45 天。在 Kubernetes 中，node 分為主節點和工作節點，主節點負責管理叢集，它包含 API 伺服器、排程器的容器…等，而工作節點則是負責運行你的容器。為了確保使用者的工作負載不會對叢集的整體操作造成損害，因此 Kubernetes 通常不會將工作安排到主節點上。

你可以使用 kubectl describe 指令取得更多有關特定 node（如 node-1）的資訊：

```
$ kubectl describe nodes node-1
```

首先，你會看到有關該 node 的基本資訊：

```
Name:                    node-1
Role:
Labels:                  beta.kubernetes.io/arch=arm
                         beta.kubernetes.io/os=linux
                         kubernetes.io/hostname=node-1
```

你可以看到此 node 使用 ARM 處理器並且運行 Linux 作業系統上。

接下來，你會看到有關 node-1 本身操作的資訊：

```
Conditions:
  Type            Status LastHeartbeatTime   Reason                        Message
  ----            ------ -----------------   ------                        -------
  OutOfDisk       False  Sun, 05 Feb 2017…   KubeletHasSufficientDisk      kubelet…
  MemoryPressure  False  Sun, 05 Feb 2017…   KubeletHasSufficientMemory    kubelet…
  DiskPressure    False  Sun, 05 Feb 2017…   KubeletHasNoDiskPressure      kubelet…
  Ready           True   Sun, 05 Feb 2017…   KubeletReady                  kubelet…
```

這些狀態表明該 node 具有足夠的硬碟和記憶體空間，同時回報至 Kubernetes 主節點，這個 node 是健康的。接下來的資訊有關於機器的容量：

```
Capacity:
 alpha.kubernetes.io/nvidia-gpu:    0
 cpu:                               4
 memory:                            882636Ki
 pods:                              110
```

```
Allocatable:
  alpha.kubernetes.io/nvidia-gpu:       0
  cpu:                                  4
  memory:                               882636Ki
  pods:                                 110
```

然後是有關於該 node 上的軟體資訊，包含 Docker、Kubernetes 和 Linux 內核的版本…等：

```
System Info:
  Machine ID:                 9989a26f06984d6dbadc01770f018e3b
  System UUID:                9989a26f06984d6dbadc01770f018e3b
  Boot ID:                    98339c67-7924-446c-92aa-c1bfe5d213e6
  Kernel Version:             4.4.39-hypriotos-v7+
  OS Image:                   Raspbian GNU/Linux 8 (jessie)
  Operating System:           linux
  Architecture:               arm
  Container Runtime Version:  docker://1.12.6
  Kubelet Version:            v1.5.2
  Kube-Proxy Version:         v1.5.2
PodCIDR:                      10.244.2.0/24
ExternalID:                   node-1
```

最後是有關於此 node 上目前正在運行的 Pod 資訊：

```
Non-terminated Pods:            (3 in total)
  Namespace    Name     CPU Requests CPU Limits Memory Requests Memory Limits
  ---------    ----     ------------ ---------- --------------- -------------
  kube-system kube-dns… 260m (6%)    0 (0%)     140Mi (16%)     220Mi (25%)
  kube-system kube-fla… 0 (0%)       0 (0%)     0 (0%)          0 (0%)
  kube-system kube-pro… 0 (0%)       0 (0%)     0 (0%)          0 (0%)
Allocated resources:
  (Total limits may be over 100 percent, i.e., overcommitted.
  CPU Requests  CPU Limits   Memory Requests Memory Limits
  ------------  ----------   --------------- -------------
  260m (6%)     0 (0%)       140Mi (16%)     220Mi (25%)
No events.
```

從輸出資訊可以看到在 node 裡的所有 Pod，（例如：kube-dns，提供叢集的 DNS 服務），每個 Pod 從 node 要求的 CPU 和記憶體，以及所有資源的請求。值得注意的是，Kubernetes 記錄運行機器上每個運行中 Pod 的資源請求（*request*）和限制（*limit*）。請求（request）和限制（limit）之間的區別會在第 5 章中詳細描述。但簡而言之，**請求（*request*）**是保證 Pod 至少可以從 node 分配到的資源下限，而**限制（*limit*）**則是 Pod 可以從 node 消耗的最大資源上限。一個 Pod 的限制（limit）值可能高於請求（request）值，不過畢竟 node 不保證有那麼多的資源，因此在這種情況下高於請求（request）下限的額外資源只能盡量被提供。

叢集的組成元件

其中一個值得探討的部分是，Kubernetes 叢集是由多個元件組合而成，而這些元件實際上都是由 Kubernetes 本身部署的。我們將介紹一些元件，它們使用了我們將在後面章節中所介紹的一些概念。這些元件都運行在 kube-system 這個命名空間中（namespace）[1]。

Kubernetes 的 Proxy

Kubernetes proxy 負責將網路流量路由至叢集內的負載平衡器。為了正常運作，proxy 必須存在於叢集中的每個 node 上。Kubernetes 有一個名為 DaemonSet 的 API 物件，很多叢集都使用它來達成此目的，你將在本書稍後學習到。如果你的叢集使用 DaemonSet 運行 Kubernetes proxy，你可以用以下指令看到正在運行的 proxy：

```
$ kubectl get daemonSets --namespace=kube-system kube-proxy
NAME         DESIRED   CURRENT   READY   NODE-SELECTOR   AGE
kube-proxy   4         4         4       <none>          45d
```

---

[1] 在 Kubernetes 中，namespace 可用於組織 Kubernetes 資源的個體，可以將它想像成資料夾。這在下一個章節將會進一步解釋。

Kubernetes DNS

Kubernetes 也運行著 DNS 伺服器，它為叢集定義的服務提供命名和探索功能。此 DNS 伺服器做為副本式服務運行在叢集中。根據叢集的大小，你可能會看到一個或是多個 DNS 伺服器運行在叢集中。DNS 服務透過 Kubernetes Deployment 運行，它會管理所有 DNS 的服務 replica。

```
$ kubectl get deployments --namespace=kube-system kube-dns
NAME         DESIRED    CURRENT    UP-TO-DATE    AVAILABLE    AGE
kube-dns     1          1          1             1            45d
```

還有一個 Kubernetes service，它為 DNS 服務提供負載平衡：

```
$ kubectl get services --namespace=kube-system kube-dns
NAME         CLUSTER-IP    EXTERNAL-IP    PORT(S)          AGE
kube-dns     10.96.0.10    <none>         53/UDP,53/TCP    45d
```

這表示，DNS 服務在這個叢集的 IP 位址是 10.96.0.10。如果你登入叢集中的任一容器，你會發現該 IP 位址已經被填入容器內 */etc/resolv.conf* 的檔案中。

Kubernetes UI

Kubernetes 的最後一個元件是圖形使用者介面（GUI）。這個使用者介面（UI）只有一個 replica，但為了可靠性及升級方便，因此還是透過 Kubernetes Deployment 管理。你可以透過以下指令查詢 UI 伺服器：

```
$ kubectl get deployments --namespace=kube-system kubernetes-dashboard
NAME                    DESIRED    CURRENT    UP-TO-DATE    AVAILABLE    AGE
kubernetes-dashboard    1          1          1             1            45d
```

當然還是有一個 Kubernetes service 為儀表板提供負載平衡的功能：

```
$ kubectl get services --namespace=kube-system kubernetes-dashboard
NAME                    CLUSTER-IP       EXTERNAL-IP    PORT(S)         AGE
kubernetes-dashboard    10.99.104.174    <nodes>        80:32551/TCP    45d
```

可以利用 kubectl proxy 進入這個儀表板的 UI。利用以下指令，啟用 Kubernetes proxy：

```
$ kubectl proxy
```

這將會在 *localhost:8001* 啟用伺服器。當使用瀏覽器造訪 *http://localhost:8001/ui*，應該會看到 Kubernetes 的 Web UI。可以利用這個介面瀏覽叢集，以及建立新的容器。因為儀表板一直持續改版完善中，所以有關 UI 介面的詳細介紹不在本書範圍內。

總結

希望到現在你已經運行一個 Kubernetes 叢集（或是三個），而且已經開始使用一些指令探索著叢集。接下來我們將會花更多時間深入命令行介面，並且教你如何掌握 kubectl 工具。在本書中，你將會使用 kubectl 工具和測試用叢集來探索 Kubernetes API 的各種物件。

## 第四章

常見的 kubectl 指令

kubectl 是個強大的命令行工具,接下來的章節,你會用它建立物件,以及與 Kubernetes API 進行交互。在這之前,先了解一下它能夠應用於所有 Kubernetes 物件的基本指令。

Namespace

Kubernetes 利用 *namespace* 組織物件。可以把每個 namespace 視為一個資料夾,它包含一些物件。預設情況下,kubectl 命令行工具預設的 namespace 為 default。如果想要使用不同的 namespace,可以在執行 kubectl 時傳遞 --namespace 的旗標。例如:kubectl --namespace=mystuff,讓物件參照於 mystuff 的 namespace。

Context

如果想要永久改變預設的 namespace,可以利用 *context*。這會寫入在 kubectl 設定檔,這個檔案位置通常在 $HOME/.kube/config。這個設定檔也包含如何找到和驗證叢集。例如,可以使用以下指令建立 context,讓 kubectl 指定特定的 namespace:

```
$ kubectl config set-context my-context --namespace=mystuff
```

當建立完成新的 context 後，實際上還不能使用。為了使用剛建立的 context，可以執行以下指令：

```
$ kubectl config use-context my-context
```

Context 也能夠在 set-context 中，利用 --users 或 --clusters 的旗標，管理不同的叢集或使用者。

檢視 Kubernetes API 物件

Kubernetes 所有資源都是由 RESTful 組成的。在本書中，我們稱這些資源為 *Kubernetes 物件*（*object*）。每個 Kubernetes 物件，都有唯一的 HTTP 路徑，例如：*https://your-k8s.com/api/v1/namespaces/default/pods/my-pod*，表示一個名為 my-pod 的 Pod 在位於 default 的 namespace。kubectl 指令會送出一個 HTTP 請求至這些 URL，存取針對路徑中所表示的 Kubernetes 物件。

透過 kubectl 查看 Kubernetes 物件，大多是利用 get。當執行 *kubectl get* < 資源名稱 >，會取得目前 namespace 的所有資源列表。如果需要取得特定的資源，可以利用 *kubectl get* < 資源名稱 > < 物件名稱 >。

預設情況下，kubectl 查詢輸出都是可讀的，所以移除了許多物件的詳細資訊，以便每行能輸出一個物件。可以利用 -o wide 旗標，在同一行內取得較多的資訊。如果想要檢查完整的物件，可以分別利用 -o json 或 -o yaml，取得原始的 JSON 或 YAML。

操作 kubectl 輸出資訊，常見的操作是移除首行，通常會配合 Unix pipe（例如：kubectl … | awk …）。當使用 --no-headers 的旗標，kubectl 在輸出資源時會直接略過首行。

另一個常見的操作是在物件中提取特定的欄位。kubectl 使用 JSONPath 查詢語言，提取物件中的欄位。JSONPath 超出本章的範圍，這邊只介紹一個範例，這個指令會提取和輸出 Pod 的 IP：

```
$ kubectl get pods my-pod -o jsonpath --template={.status.podIP}
```

如果想要特定物件的詳細資訊，可以使用 describe 指令：

```
$ kubectl describe < 資源名稱 > < 物件名稱 >
```

這將會取得物件更豐富的資訊，而且包含相關物件和事件。

新增、更新和移除 Kubernetes 物件

Kubernetes API 的物件，都是以 JSON 或 YAML 檔表示。這些檔案都是由伺服器回應的查詢結果，或是由 API 發送至伺服器的。可以利用 YAML 或 JSON 檔案，進行建立、修改、刪除 Kubernetes 上的物件。

假設在 *ojb.yaml* 中有個簡單的物件。可以參考以下指令，利用 kubectl 在 Kubernetes 建立這個物件：

```
$ kubectl apply -f obj.yaml
```

執行指令時要注意不需特別指定物件的資源，因為它的資源是由檔案中取得的。

同樣地，如果你修改這個物件，可以再一次透過執行 apply 的指令：

```
$ kubectl apply -f obj.yaml
```

如果想要使用互動式編輯，代替編輯本機檔案，可以使用 edit 指令，它會下載最新物件的狀態，然後開啟編輯器，它包含著物件定義資訊。

```
$ kubectl edit <資源名稱> <物件名稱>
```

儲存檔案後，它將會自動上傳到 Kubernetes 叢集。

當想要刪除物件，只要執行：

```
$ kubectl delete -f obj.yaml
```

要特別注意，kubectl 不會提醒你，你正在刪除該物件。只要送出指令，物件就會被刪除。

同樣地，可以透過資源類型和名稱刪除物件：

```
$ kubectl delete <資源名稱> <物件名稱>
```

標註與註解物件

Label 和 annotation 用於標記物件。我們將於第 6 章討論它們的差異，但現在，你可以在 Kubernetes 物件透過 annotate 和 label 指令，更新標註與註解。例如：新增 color=red 標註到名為 bar 的 Pod，可以執行以下指令：

```
$ kubectl label pods bar color=red
```

annotation 的語法與 label 是完全相同的。

預設情況下，label 和 annotate 不會覆蓋現有的標記。若要執行此操作，需要利用 --overwrite 旗標。

當需要移除一個標記，可以利用 -< 標記名稱 > 語法：

```
$ kubectl label pods bar -color
```

這將會從名為 bar 的 Pod，移除 color 的標記。

偵錯指令

kubectl 也提供許多偵錯容器的指令。可以利用以下指令，查詢運行中容器的日誌：

```
$ kubectl logs <Pod- 名稱 >
```

當 Pod 中有多個容器，可以使用 -c 的旗標，選擇特定的容器。

預設情況下，kubectl log 完成輸出目前的日誌後，就會直接跳出。如果是想要持續不斷地讓日誌輸出，而不跳出的話，可以在命令行加入 -f（follow）。

也可以利用 exec 指令，在運行中的容器中執行指令：

```
$ kubectl exec -it <Pod- 名稱 > -- bash
```

這樣可以在運行中的容器執行互動式 shell，以便可以進行更多的偵錯。

最後，可以透過 cp 指令，將檔案從容器複製出來或是進去：

```
$ kubectl cp <Pod- 名稱 >:/path/to/remote/file/path/to/local/file
```

這將會從運行中的容器複製檔案到本機中。也可以指定目錄，或將檔案從本機複製到容器中。

總結

在 Kubernetes 叢集，kubectl 是管理應用程式的強大的命令行工具。本章說明了這個工具常用的用途，但是 kubectl 有大量的內建說明，可以用以下指令查看說明：

```
kubectl help
```

或是：

```
kubectl help 指令 - 名稱
```

第五章

Pod

在前面的章節，我們討論如何容器化應用程式，但現實中，多個容器應用程式通常
會想要集中部署在一台機器中。

圖 5-1 是個部署的典型範例，它包含網站服務，及檔案系統與遠端 Git 儲存庫同步
工作的容器。

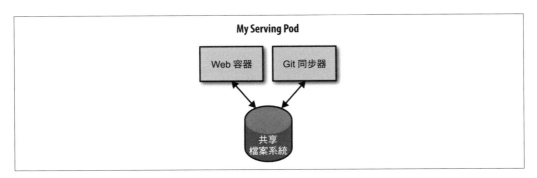

圖 5-1　一個 Pod 包含兩個容器和一個共享檔案系統

首先，這個看起來像是網站服務和 Git 同步器包裝成單一容器。但仔細觀察，很明
顯的需要去耦化。首先是這兩個容器對於資源使用率有很大不同。以記憶體為例，
網站伺服器提供用戶請求，需要確保可用性和回應性。另一方面，Git 同步器，不
需面向用戶，只要「盡力就好」的服務品質。

假設 Git 同步器，發生記憶體洩漏。需要確保 Git 同步器使用到網站服務，因為這會影響網站服務的效能甚至當機。

這種資源隔離，正是開發容器的原因。透過去耦化兩個應用程式到獨立的容器，能夠保證網站服務的操作。

當然，這兩個容器是共生的，如果網站服務與 Git 同步器不同機器的話，這樣很不合理。於是，Kubernetes 將多個容器群組化到一個單位，稱為 *Pod*（這個名稱的由來，是因為 Docker 都是由鯨魚類所命名，所以 Pod 也鯨魚類的）。

Kubernetes 的 Pod

Pod 包含了應用程式容器和硬碟區，它們運行在同樣的執行環境。Pod 不是容器，它是 Kubernetes 中最小可被部署的構件。意思是一個 Pod 內的所有容器，永遠都會在同一個機器上。

Pod 中的每個容器，都運行在自己的 cgroup 中，但互相共享一些 Linux namespace。

Pod 內所有的應用程式，彼此共享 IP 位址及連接埠（網路命名空間），主機名稱也是相同的（UTS 命名空間），而且可以透過 System V 的 IPC 或 POSIX 訊息佇列（IPC 命名空間）利用本地進程間通信渠道進行溝通。因此，應用程式在不同的 Pod 是彼此隔離的，它們有不同的 IP 位址和主機名稱等等。不同的 Pod 中的容器，可能會在同一個 node，也有可能在不同的。

從 Pod 的角度思考

在使用 Kubernetes 時，最常見的問題是「我應該要怎麼規劃 Pod 裡面的東西？」。

有時人們看到 Pod 然後想說：「嘿，WordPress 和 MySQL 的容器應該在同一個 Pod」。不過，事實上這樣的 Pod 是個反模式。有兩個原因：第一，WorkPress 和它的資料庫並不是共存的。如果 WordPress 和資料庫分別在不用的機器上，仍然可以運作，因為可以透過網路互相溝通。第二，你不見得會同時擴展 WorkPress 和資料庫。WordPress 本身大多是無狀態的，因此會為了因應前端的負載，想要透過擴展 WordPress Pod。而擴展 MySQL 資料庫是比較麻煩的，有可能會直接對 MySQL Pod 來增加資源。假設 WorkPress 和 MySQL 的容器在相同的 Pod，就必須要用相同的擴展策略在這兩個 Pod 上，但這是不合理的。

通常，在設計 Pod 時，需要思考的是「如果容器在不同的機器，它們能夠正常運作嗎？」。如果是「不行」，就適合在同一個 Pod。如果是「可以」，分別在不同的 Pod 就是比較正確的解決方案。在本章一開始提到的範例中，這兩個容器透過本機檔案系統進行交互。如果這兩個容器在不同機器上，是無法正常運行的。

本章的其餘幾節將會說明，如何建立、檢視、管理和刪除 Pod。

Pod Manifest 檔

Pod manifest 檔，用來定義 Pod。它是以文字檔的方式呈現的 Kubernetes API 物件。Kubernetes 非常堅信**宣告式組態**。宣告式組態表示只要配置好所需的狀態並送出，就能確保所需的狀態成為實際的狀態。

宣告式組態不同於命令式組態，命令式組態只要一個動作（例如：`apt-get install foo`）就能改變整個系統。多年生產經驗告訴我們，維護系統需求狀態紀錄，能夠帶來易於管理且可靠性的系統。宣告式組態具有很多優點，包含對配置進行程式碼審查，也可以記錄目前的狀態。此外，在 Kubernetes 裡，所有物件都能夠自我修護，它確保應用程式正常運行，不需透過用戶操作。

Kubernetes API 接受並處理 Pod manifest 檔，檔案會存在永久儲存空間（etcd）。調度器透過 Kubernetes API，會尋找尚未被安排至 node 的 Pod。然後，調度器會將 Pod 安排至 node，這會取決於 manifest 檔中的資源和限制。只要有足夠的資源，同一台機器就能夠被安排多個 Pod。不過，安排同一個應用程式的多個 replica 在同一個機器不利於可靠性，因為會由於單點故障導致系統全面癱瘓（single failure domain）。因此，調度器會試著安排同一個應用程式在不同的機器上，確保不會像剛剛提到的故障。當 Pod 安排到 node，它不會被搬動，除非 node 被刪除，或被重新調度。

透過這樣反覆的流程，就可以部署 Pod 在多個機器上。不過，ReplicaSet（第 8 章會提到），更適合部署 Pod 在多主機上。（ReplicaSet 也適合運行單 Pod，之後會提到。）

建立 Pod

透過 kubectl 的交互工具，可以簡單的建立 Pod。以運行 kuard server 為例：

```
$ kubectl run kuard --image=gcr.io/kuar-demo/kuard-amd64:1
```

可以透過該指令查看運行中的 Pod：

```
$ kubectl get pods
```

一開始會看到容器處於 Pending 的狀態，但最終會轉換成 Running，表示 Pod 和自身的容器已經成功被建立了。

不用擔心在 Pod 名稱後面隨機的字串。這種建立 Pod 的方法，實際上是透過 Deployment 和 ReplicaSet 物件處理的，這會在接下來的章節中介紹。

現在，可以透過該指令刪除 Pod：

```
$ kubectl delete deployments/kuard
```

接著動手寫一份完整的 Pod manifest 檔。

建立 Pod Manifest 檔

Pod manifest 檔，可以透過 YAML 或 JSON 撰寫，但是 YAML 通常是首選，因為比較容易閱讀，而且可以寫註解。Pod manifest 檔（和其他的 Kubernetes API 物件），應該要像對待程式碼一樣被對待，像是寫註解，它能夠幫助第一次看這份 manifest 檔的同事。

Pod manifest 檔，包含幾個主鍵欄位和屬性：主要是描述 Pod 的中繼資料，它的標籤、磁碟區和會運行哪些容器。

在第 2 章，我們用了以下的方式，部署了 kuard：

```
$ docker run -d --name kuard \
  --publish 8080:8080 \
  gcr.io/kuar-demo/kuard-amd64:1
```

將範例 5-1 的程式碼，寫入到 *kuard-pdo.yaml*，接下來用 kubectl 載入 manifest 檔至 Kubernetes，也可以部署 kuard。

範例 *5-1*：*kuard-pod.yaml*

```
apiVersion: v1
kind: Pod
metadata:
  name: kuard
spec:
  containers:
    - image: gcr.io/kuar-demo/kuard-amd64:1
      name: kuard
      ports:
        - containerPort: 8080
          name: http
          protocol: TCP
```

運行 Pod

在上一個章節，我們建立了 Pod manifest 檔，可以用來運行 kuard 的 Pod。利用 kubectl apply 指令，可以啟用一個 kuard 實例：

```
$ kubectl apply -f kuard-pod.yaml
```

Pod manifest 檔會被送到 Kubernetes API 伺服器。Kubernetes 系統會調度 Pod 在健康的 node 上運行，並由 kubelet 做進程監控。假如你不懂所有 Kubernetes 組件，不用擔心，接下來會詳細介紹。

顯示 Pod 列表

現在已經有一個 Pod 正在運行，讓我們來進一步看看。利用 kubectl 命令行工具，可以列出所有正在運行的 Pod。現在，應該會有一個我們在前一個步驟所建立的 Pod：

```
$ kubectl get pods
NAME        READY     STATUS     RESTARTS    AGE
kuard       1/1       Running    0           44s
```

可以看到，在剛剛的 YAML 檔中，定義 Pod（kuard）的名稱。除了就緒的容器數量（1/1），也顯示狀態（STATUS）、Pod 重開次數（RESTARTS）和 Pod 的生命週長（AGE）。

假如在 Pod 建立之前，立即執行這個指令，可能會看到：

```
NAME        READY     STATUS     RESTARTS    AGE
kuard       0/1       Pending    0           1s
```

Pending 狀態表示這個 Pod 被提交，但是尚未調度。

如果有重大錯誤發生（例如：試圖建立透過不存在的映像檔來建立容器），這也會顯示在狀態欄位上。

預設情況下，kubectl 命令行工具，會簡化資訊，但可以透過旗標取得更多資訊。加入 -o wide 到任何 kubectl 指令，就會顯示稍微多一點的資訊（但仍然會保持在同一行上）。加入 -o json 或 -o yaml 會顯示完整的 JSON 或 YAML。

Pod 的詳細資訊

有時候，單行檢視不夠，因為太簡潔了。另外，Kubernetes 有大量的 Pod 事件，它存在於事件串，而不是在 Pod 物件上。

若要瞭解更多有關 Pod（或任何 Kubernetes 物件），可以利用 kubectl describe 指令。例如，我們之前建立 Pod，需要得到更多資訊，可以執行：

```
$ kubectl describe pods kuard
```

這會輸出一堆 Pod 資訊，分別在不同的方面。位於最上方的是有關 Pod 的基本資訊：

```
Name:        kuard
Namespace:   default
Node:        node1/10.0.15.185
Start Time:  Sun, 02 Jul 2017 15:00:38 -0700
Labels:      <none>
Annotations: <none>
Status:      Running
IP:          192.168.199.238
Controllers: <none>
```

有關 Pod 所運行容器的資訊：

```
Containers:
  kuard:
    Container ID:  docker://055095…
    Image:         gcr.io/kuar-demo/kuard-amd64:1
    Image ID:      docker-pullable://gcr.io/kuar-demo/kuard-amd64@sha256:a580…
    Port:          8080/TCP
    State:         Running
      Started:     Sun, 02 Jul 2017 15:00:41 -0700
```

```
Ready:          True
Restart Count: 0
Environment:    <none>
Mounts:
  /var/run/secrets/kubernetes.io/serviceaccount from default-token-cg5f5 (ro)
```

最後是有關 Pod 的事件（例如，被調度的時間、被提取映像檔的時間，以及是否因為未通過健康檢查而必須重啟）。

```
Events:
  Seen From              SubObjectPath            Type     Reason    Message
  ---- ----              -------------            -------  ------    -------
  50s  default-scheduler                          Normal   Scheduled Success...
  49s  kubelet, node1    spec.containers{kuard}    Normal   Pulling   pulling...
  47s  kubelet, node1    spec.containers{kuard}    Normal   Pulled    Success...
  47s  kubelet, node1    spec.containers{kuard}    Normal   Created   Created...
  47s  kubelet, node1    spec.containers{kuard}    Normal   Started   Started...
```

移除 Pod

當要刪除 Pod，可以透過名稱刪除：

```
$ kubectl delete pods/kuard
```

或透過當初建立的 manifest 檔，刪除它：

```
$ kubectl delete -f kuard-pod.yaml
```

當 Pod 被刪除，不會馬上被移除：執行 kubectl get pods，可以看見這個 Pod 目前處於 Terminating 的狀態。所有 Pod 都有終止限期（*grace period*）。預設是 30秒。當 Pod 轉換成 Terminating，不再接受新的請求。在正常的場景，限期（grace period）對於可靠性很重要，因為這樣能夠讓 Pod 在終止之前，將正在處理中的請求處理完畢。

必須特別注意，當刪除 Pod 時，所有存在於相關容器內的資料都會被刪除。如果想跨多機器永久儲存資料，必須使用 PersistentVolume，在本章後面會詳細介紹。

存取 Pod

當 Pod 正在運行，基於某些原因需要存取時，想要在 Pod 運行 Web 服務。可能透過查看日誌去排查問題，甚至執行其他指令協助排查。接下來的部分，介紹各式詳細的方法，可以讓你在 Pod 裡，對於程式碼和資料進行交互。

使用連接埠轉發

之後的章節，將會介紹透過負載平衡器，對外或是其他容器訪問，通常你只會想存取某一個 Pod，即使它沒有網際網路的流量。

為了達到這個目的，可以透過 Kubernetes API 和命令行工具內建的連接埠轉發功能。

當你執行：

```
$ kubectl port-forward kuard 8080:8080
```

透過 Kubernetes 主節點，從本機建立一條安全的通道，到 Pod 所運行的工作節點，最後進入到 Pod 本身。

只要 port-forward 的指令仍在運行，就可以透過 *http://localhost:8080* 存取這個 Pod（這裡的範例是 kuard Web 介面）。

透過日誌取得更多資訊

當應用程式需要偵錯時，能夠比 describe 更深入了解應用程式正在做什麼是有幫助的。Kubernetes 提供兩個指令，可以針對容器偵錯。kubectl log 指令，可以從目前運行中的執行個體取得日誌：

```
$ kubectl logs kuard
```

新增 -f 旗標，可以讓日誌持續不斷地顯示最新的日誌。

kubectl log 總是從目前運行的容器取得日誌。新增 --previous，可以從容器的前一個執行個體取得日誌。舉例來說，當容器啟動時發生問題而導致不斷地重啟，這時候就很好用了。

 雖然 kubectl log 對於一次性的容器偵錯很好用，但通常會利用日誌集中化系統。有很多開源的日誌集中工具，像是 fluentd 和 elasticsearch，也有很多雲服務的日誌系統。日誌集中服務，為了儲存更久的日誌而提供大空間，以及豐富的日誌搜尋和過濾功能。最後，通常會提供從多個 Pod 集中到單一視圖上的功能。

利用 exec 在容器執行指令

有時只有日誌是不夠的，必須在容器內執行指令才能夠確定一些狀況。可以透過以下指令做到：

```
$ kubectl exec kuard date
```

可以加上 -it 的旗標，執行交互式工作階段。

```
$ kubectl exec -it kuard ash
```

從容器複製檔案

有時候，為了深入了解一些資訊，必須從容器複製檔案到本機。例如：會用一些像是 Wireshark 的工具，視覺化 tcpdump 的封包。假設有一個叫 *captures/capture3.txt* 的檔案在 Pod 裡面。可以透過以下指令安全的複製到本機：

```
$ kubectl cp <Pod- 名稱 >:/captures/capture3.txt ./capture3.txt
```

如果需要從本機複製檔案到容器內，假設想要複製 *$HOME/config.txt* 到容器內。在這個情況下，可以執行：

```
$ kubectl cp $HOME/config.txt <Pod- 名稱 >:/config.txt
```

一般來說，複製檔案到容器是個反模式，應該要把容器視為不可變的。但有時候是最快處理嚴重問題的方式，這樣子比構建、推送和推出新映像檔快很多。當問題解決後，立即構建和推出新的映像檔是極為重要的，否則保證你會忘記在容器內做的修改，等到下次 rollout 時，就被蓋掉原本修改的部分。

健康檢查

在 Kubernetes 運行應用程式的容器時，Kubernetes 會利用健康檢查進程，讓容器維持作用中。健康檢查只是確保應用程式的主要程序能夠一直運行。如果沒有運行，Kubernetes 就會重啟它。

但是，絕大部分情況下，簡單的程序檢查是不夠的。舉例來說，當程序鎖死（deadlock）且無法接受請求，簡單程序檢查會認為「應用程式是健康的」，因為程式還在運作。

如果要解決此問題，Kubernetes 為了應用程式的健康檢查，推出 *liveness*。Liveness 健康檢查，運行針對應用程式的邏輯（例如：載入網頁），驗證應用程式不只是正在運行，而且功能正常。由於這些 liveness 健康檢查是針對應用程式的，所以必須在 Pod manifest 檔中定義它們。

Liveness 探測器

當 kuard 的程式正在運行，需要一個確定它真的是健康的，而不用重啟的方法。Liveness 探測器是每個容器分開定義的，意思是說在 Pod 每一個健康檢查都是分開進行的。在範例 5-2，我們在 kuard 容器中，加入 liveness 探測器，探測器運行 /healthy 的 HTTP 的請求。

```
apiVersion: v1
kind: Pod
metadata:
  name: kuard
spec:
  containers:
    - image: gcr.io/kuar-demo/kuard-amd64:1
      name: kuard
      livenessProbe:
        httpGet:
          path: /healthy
          port: 8080
        initialDelaySeconds: 5
        timeoutSeconds: 1
        periodSeconds: 10
        failureThreshold: 3
      ports:
        - containerPort: 8080
          name: http
          protocol: TCP
```

這份 Pod manifest 檔，使用 httpGet 探測器，針對 8080 埠，端點為 /healthy，執行 HTTP GET 的請求。探測器設定 initialDelaySeconds 為 5，因此建立所有容器之後的 5 秒才會呼叫。探測器必須 1 秒內回應，且 HTTP 狀態碼要大於等於 200，小於 400，才被認定是成功的。Kubernetes 每 10 秒會呼叫探測器一次。當三次探測失敗，容器會被認為是失敗的，並且會進行重啟。

可以透過 kuard 的狀態頁，查看該狀態。透過 manifest 檔建立 Pod，然後透過連結埠轉發至 Pod：

```
$ kubectl apply -f kuard-pod-health.yaml
$ kubectl port-forward kuard 8080:8080
```

開啟瀏覽器，進入 *http://localhost:8080*。點擊「Liveness Probe」分頁。可以看到一個表格內，列出 kuard 執行個體所收到的探測。當點擊「fail（失敗）」的連結後，kuard 將會開始回應失敗的健康狀態。等待足夠的時間，Kubernetes 將會重啟容器。此時，畫面就會重新整理，然後重新回應成功的狀態。詳細的重啟內容，可以透過 kubectl describe kuard 查看。在「Event（事件）」中，有類似以下的內容：

```
Killing container with id docker://2ac946...:pod "kuard_default(9ee84...)"
container "kuard" is unhealthy, it will be killed and re-created.
```

Readiness 探測器

當然，liveness 不是唯一的健康檢查。Kubernetes 有 *liveness* 和 *readiness* 不同種類的探測器。Liveness 決定應用程式是否正常運行。對於進行 liveness 檢查失敗的容器，會進行重啟。Readiness 決定容器何時能夠接受請求。對於進行 readiness 檢查失敗的容器，會將它從 service 的負載平衡器移出。Readiness 探測器的設定方式跟 liveness 探測器很像，我們會在第 7 章詳細介紹 Kubernetes service。

結合 readiness 和 liveness 探測器的話，能夠確保只有健康的容器能在叢集中運行。

健康檢查的種類

除了 HTTP 檢查之外，Kubernetes 也有 tcpSocket 健康檢查，它能夠建立一個 TCP socket，假設能夠成功連結，該次探測就是成功的。這類的探測很適合非 HTTP 的應用程式（例如：資料庫和非 HTTP 的 API）。

最後 Kubernetes，允許 exec 的探測。可以在容器內執行腳本或程式。如果腳本回傳 zero 退出狀態碼，該次探測就是成功的，反之就是失敗的。對於那些不適合 HTTP 呼叫的應用程式，exec 腳本很適合用來自定義驗證。

資源管理

因為封裝映像檔和可靠部署徹底改進,大部分的人都開始使用像是 Kubernetes 的容器和編排器。除了面向應用程式的分散式開發,同樣重要的,是能夠提高叢集整體的運算資源使用率。無論是虛擬或實體,操作機器的基本成本是不變的,無論是閒置或是滿載。因此,在基礎架構上,要確保這些機器每一塊錢的最大可用率。

一般來說,我們都是利用**使用率**(*utilization*)來計算效率。定義使用率是主動使用的資源量除以購買的資源量。舉例來說,如果購買單核心的機器,應用程式使用十分之一的核心,那麼使用率就為 10%。

利用像是 Kubernetes 的調度系統來管理資源,可以讓使用率達到 50%。

要達成這個目的,必須讓 Kubernetes 知道應用程式需求的資源,以便讓 Kubernetes 在機器上找到最合適的組合。

Kubernetes 允許兩種不同的資源量。*request* 資源,是針對應用程式的最小量。*limit* 資源,是針對應用程式的最大量。這兩個資源的定義,會在下一個部分詳細說明。

Request:最小請求資源

在 Kubernetes,一個 Pod 會請求運行容器的資源。Kubernetes 保證這些資源,可用於請求的 Pod。最常用的資源是 CPU 和記憶體,但 Kubernetes 也支援像是 GPU 和其他的資源。

舉例來說,定義 kuard 容器的請求資源為 0.5 個 CPU 核心和 128 MB 記憶體,可參考範例 5-3。

範例 5-3：*kuard-pod-resreq.yaml*

```yaml
apiVersion: v1
kind: Pod
metadata:
  name: kuard
spec:
  containers:
    - image: gcr.io/kuar-demo/kuard-amd64:1
      name: kuard
      resources:
        requests:
          cpu: "500m"
          memory: "128Mi"
      ports:
        - containerPort: 8080
          name: http
          protocol: TCP
```

 資源請求是針對每個容器，而不是每個 Pod。Pod 的整體請求資源，
是 Pod 裡面所有的容器的總和。因為許多時候，不同的容器有不同的
CPU 需求。以網站服務和資料同步器的 Pod 為例，網站服務面向使
用者，需要有大量的 CPU，而資料同步器就不用。

Request 限制的詳細資訊

Request 用於調度 Pod 到 node。調度器確保一個 node 中，所有 Pod 的 request 量不
會超過 node。因此，Pod 運行在 node 時，確保至少有足夠的 request 資源。重要的
是「request」是定義最小值。它沒有指定 Pod 的最大可用資源。這是什麼意思呢，
來看一下這個例子。

想像一下，容器的程式碼嘗試使用可用 CPU 的核心。假設建立一個 Pod，這個容器
request 的 CPU 為 0.5。Kubernetes 將它排程到一台有 2 核心 CPU 的機器上。

只要它是這個機器唯一的 Pod，它就會用掉所有的可用核心，儘管它只要求 0.5 核心 CPU。

假設另一個相同的 Pod，request 資源也是 0.5 核心 CPU 也在同一個機器上，每個 Pod 會使用 1.0 核心。

如果第三個相同的 Pod 也排程在同一個機器上，每一個 Pod 會被分到 0.66 核心。最後，如果安排了第四個相同的 Pod 至同一台機器上，每個 Pod 就會分到它所請求的 0.5 核心，而且 node 會為滿載狀態。

CPU request，是透過 Linux 核心的 `cpu-shares` 功能所實作的。

 記憶體 request 處理方式跟 CPU 很像，但有一點很大的不同。當容器超過它的記憶體請求，作業系統不能從程序移除記憶體，因為它已經被分配了。因此，當系統記憶體不足時，kubelet 會終止那些使用量大於它請求記憶體的容器。這些容器會被自動重啟，同時機器會降低該容器的可用記憶體。

由於 request 資源，保證了 Pod 的可用性，因此對於高負載情況下，需要有足夠的資源是很重要的。

利用 Limit 限制資源

除了設定 Pod request 資源，建立可用的最小資源之外，也可以透過 *limit* 在 Pod 設定可用的最大資源。

在之前的範例，我們建立 kuard Pod，配置最小 0.5 核心和 128 MB 記憶體的 request 資源。在範例 5-4 的 Pod minifest 檔中，我們新增了 limit 配置，將其設定為 1.0 核心 CPU 和 256 MB 記憶體。

```
apiVersion: v1
kind: Pod
metadata:
  name: kuard
spec:
  containers:
    - image: gcr.io/kuar-demo/kuard-amd64:1
      name: kuard
      resources:
        requests:
          cpu: "500m"
          memory: "128Mi"
        limits:
          cpu: "1000m"
          memory: "256Mi"
      ports:
        - containerPort: 8080
          name: http
          protocol: TCP
```

當在容器設置 limit 時，核心會確保不會超出這個限制。容器配置 CPU limit 為 0.5 核心時，只會得到 0.5 核心的 CPU，即使現在 CPU 閒置著。容器配置記憶體 limit 為 256 MB 時，即使記憶體超出 256 MB，也不允許額外的記憶體（例如：記憶體分配失敗）。

於磁碟區持久化資料

當 Pod 刪除或容器重啟時，所有在容器裡的檔案都會被刪除。這是個好事，因為你不會想要留下，由無狀態網站應用程式產生的東西。在別的情況下，存取永久磁碟是健康應用程式重要的一部分。Kubernetes 建構了持久儲存空間的模型。

在 Pod 使用磁碟區

要新增磁碟區到 Pod manifest 檔中，有兩個部分要添加到設定中。第一個是 spec.
volumes 部分。在 Pod manifest 檔中，這個陣列定義容器能夠存取所有磁碟區。
要注意，不是所有容器都需要掛載這個磁碟。第二個部分，是在容器內定義
volumeMounts 陣列。這個陣列定義磁碟區，它被掛載在某個特定的容器，且配置被
掛載在哪個路徑。注意一點，同一個 Pod 的不同容器可以掛載同一個磁碟區下的不
同路徑。

在範列 5-5 的 manifest 檔中，有定義一個叫 kuard-data 的新磁碟區，掛載在 kuard
容器裡 /data 的 path 上。

範例 5-5：*kuard-pod-vol.yaml*

```
apiVersion: v1
kind: Pod
metadata:
  name: kuard
spec:
  volumes:
    - name: "kuard-data"
      hostPath:
        path: "/var/lib/kuard"
  containers:
    - image: gcr.io/kuar-demo/kuard-amd64:1
      name: kuard
      volumeMounts:
        - mountPath: "/data"
          name: "kuard-data"
      ports:
        - containerPort: 8080
          name: http
          protocol: TCP
```

各種在 Pod 中使用磁碟區的方法

有很多種方法可以在應用程式中使用資料。以下是 Kubernetes 建議的方式。

通信 / 同步

在第一個 Pod 的範例中，我們看到兩個容器共用一個磁碟區，同步遠端 Git 的檔案，提供給網站服務。若要達成這個目的，Pod 可以用 `emptyDir` 磁碟區。這個磁碟區的壽命等於 Pod，但能夠共享在兩個容器 Git 同步和網站服務之間，建立基本的通信。

快取

有些應用程式可能會掛載效能很好的硬碟，但這對程式運作的正確性並無幫助。舉例來說，應用程式會預設像大圖片的縮圖存於本機。它們當然可以從原圖重建，但這會增加縮圖服務的負擔。當容器因為健康檢查失敗而重啟時，你會希望這個圖片快取依然存在，而 `emptyDir` 很適用於這個場景。

持久化資料

有時你會想持久化資料，這個資料是獨立於特定的 Pod，而且如果 node 故障或是其他原因，應該要可以移動到另一個 node。若要達成這個目的，Kubernetes 支援各種遠端儲存磁碟區，包含各式的協議，像是 NFS 或 iSCSI，還有像是 Amazon 的 Elastic Block Store、Azure 的 Files 及 Disk Storage 和 Google 的 Persistent Disk 這些雲端網路儲存空間。

掛載宿主機的檔案系統

其他應用程式不需要持久化磁碟區，只要存取宿主機的檔案系統。舉例來說，為了對系統的裝置進行區塊式的存取，它們要能夠存取 /dev 的檔案系統。對於這種情況，Kubernetes 提供 `hostDir` 的磁碟區，它可以掛載在工作節點的任何位置於容器中。

前面的範例，就是使用 hostDir 的磁碟區。建立宿主機中的 */var/lib/kuard* 為磁碟區。

透過遠端硬碟持久化資料

通常的情況，會希望 Pod 的資料留在 Pod 內，即使它在不同的主機上重啟。

若要達成這個目的，可以掛載遠端網路儲存磁碟區在 Pod 中。當使用網路儲存空間，每當 Pod 被排程到某些機器上，Kubernetes 就會自動的掛載或卸載儲存空間。

在網路掛載磁碟區有很多種方式。Kubernetes 包括對標準協議（如 NFS 和 iSCSI）的支援，以及主要雲端提供商（公共和私有）的基於雲端提供商的儲存 API。大部分的情況下，如果硬碟不存在，雲端提供商也會自動建立硬碟。

這是使用 NFS 伺服器的範例：

```
...
# Pod 其餘的定義如下
volumes:
    - name: "kuard-data"
      nfs:
        server: my.nfs.server.local
        path: "/exports"
```

綜合所有資源

很多應用程式是有狀態的，因此必須保留資料，不論在哪一台機器上，要確保資料能存取底層的儲存磁碟區。正如先前提到的，這可以透過網路連接儲存裝置，實現持久化磁碟區。我們也希望健康的應用程式執行個體能夠永久運行，這表示，我們要在提供給客戶端之前，要確保 kuard 容器是運行的。

透過結合持久磁碟區、readiness 探測器和 liveness 探測器，以及資源限制，
Kubernetes 讓有狀態應用程式可以達到可靠的運作。範例 5-6 將所有資源放到一個
manifest 檔內。

範例 5-6：kuard-pod-full.yaml

```yaml
apiVersion: v1
kind: Pod
metadata:
  name: kuard
spec:
  volumes:
    - name: "kuard-data"
      nfs:
        server: my.nfs.server.local
        path: "/exports"
  containers:
    - image: gcr.io/kuar-demo/kuard-amd64:1
      name: kuard
      ports:
        - containerPort: 8080
          name: http
          protocol: TCP
      resources:
        requests:
          cpu: "500m"
          memory: "128Mi"
        limits:
          cpu: "1000m"
          memory: "256Mi"
      volumeMounts:
        - mountPath: "/data"
          name: "kuard-data"
      livenessProbe:
        httpGet:
          path: /healthy
          port: 8080
        initialDelaySeconds: 5
        timeoutSeconds: 1
```

```
            periodSeconds: 10
            failureThreshold: 3
        readinessProbe:
          httpGet:
            path: /ready
            port: 8080
          initialDelaySeconds: 30
          timeoutSeconds: 1
          periodSeconds: 10
          failureThreshold: 3
```

持久化磁碟區是進階的主題，有許多不同的細節，尤其是 persistent volumes、persistent volume claims 和 dynamic volume provisioning 是要一起作用的。第 13 章有更深入的介紹。

總結

Pod 在 Kubernetes 叢集中代表了最小的單位。Pod 由一個或多個的容器組合而成。要建立 Pod，可以利用命令行工具或是直接建立 HTTP 和 JSON 的請求，透過 Pod manifest 檔，送到 Kubernetes API 伺服器。

當送出 manifest 檔到 API 伺服器，Kubernetes 調度器，將會找到可以被調度的機器，將 Pod 放到機器中。當安排完成後，kubelet 守護程序會負責對 Pod 建立容器，並執行針對 Pod manifest 檔中定義的所有健康檢查。

當 Pod 調度到 node 後，除非該 node 故障，不然不會重新被調度。另外，要建立多個相同 Pod 的副本，你必須手動建立和命名。在後面的章節，我們會介紹 ReplicaSet 物件，以及如何建立多個相同的 Pod，並確保機器故障時會被重新被建立。

## 第六章

Label 和 Annotation

Kubernetes 隨著應用程式的規模和複雜度而成長。有鑑於此，增加 label 和 annotation 是基本的概念。label 和 annotation 能夠讓你規劃你所想的應用程式。可以組織標記和交叉索引出，以表示應用程式具有意義的群組。

Label 是主鍵 / 值組（key/value pairs），它能夠連結 Kubernetes 的物件（例如：Pod 和 ReplicaSet）。這個對 Kubernetes 物件很有幫助，可以任意地附加識別資訊。Label 為群組化物件奠定基礎。

另一方面，*Annotation* 提供了一種類似 label 的儲存空間：Annotation 可以給工具和程式庫提供非識別資訊的主鍵 / 值組。

Label

Label 為物件提供識別中繼資料。這是用於物件群組、檢視和操作的基本特性。

label 的起源是來自於 Google 運行的大型和複雜應用程式。從這個經驗中吸取的教訓。請參考由 Betsy Beyer 以及其他人所著作的《Site Reliability Engineering》（O'Reilly），深入了解 Google 如何運作他們的生產環境。

第一教訓是，生產環境討厭單一個體。當部署軟體時，人們通常都從一台機器開始。隨著應用程式漸趨成熟時，部署單位會由單一形成一個集合。因為這樣，Kubernetes 利用 label 處理集合執行個體，而不是單一執行個體。

第二教訓是，對於任何系統層級增加，是不敷用戶使用的。此外，用戶分組和層級隨著時間改變。例如：用戶以為所有應用程式是由很多服務所組成的。隨著時間，不同的應用程式之間，可能共享著一個服務。Kubernetes 的 label 有足夠的靈活性，可以與這種狀況配合。

使用 Label 的語法很簡單。Label 是個主鍵 / 值組，主鍵與值組都是由字串表示。Label 主鍵可分為以下兩個部分：前綴（選用）和名稱，中間用斜線（/）區隔著。前綴（如果有指定），必須是 DNS 子網域，而且不能超過 253 個字元。主鍵名稱是必要項目，並且不得多於 63 個字元。名稱的開頭和結尾必須為字母和數字，而字元之間可以使用破折號（-）、下劃線（_）和點（.）。

Label 值最長為 63 字元的字串。Label 主鍵與值是相同規範的。

表 6-1 列出了有效 Label 的主鍵與值。

表 6-1：使用 Label 的範例

主鍵	值
acme.com/app-version	1.0.0
appVersion	1.0.0
app.version	1.0.0
kubernetes.io/cluster-service	true

套用 Label

這裡我們配合 label，建立一些 Deployment（建立多組 Pod 的方法）。有兩個應用程式（一個是 alpaca，另一個是 bandicoot），每個應用程式都有兩個環境，也會有兩個不同的版本。

1. 首先，建立 alpaca-prod 的 Deployment，並且設定 ver、app 以及 env 的 label：

```
$ kubectl run alpaca-prod \
  --image=gcr.io/kuar-demo/kuard-amd64:1 \
  --replicas=2 \
  --labels="ver=1,app=alpaca,env=prod"
```

2. 接下來，建立 alpaca-test 的 Deployment，並且設定相應 ver、app 以及 env 的 label：

```
$ kubectl run alpaca-test \
  --image=gcr.io/kuar-demo/kuard-amd64:2 \
  --replicas=1 \
  --labels="ver=2,app=alpaca,env=test"
```

3. 最後，建立 bandicoot 的兩個 Deployment。我們將環境分別命名為 prod 和 staging：

```
$ kubectl run bandicoot-prod \
  --image=gcr.io/kuar-demo/kuard-amd64:2 \
  --replicas=2 \
  --labels="ver=2,app=bandicoot,env=prod"
$ kubectl run bandicoot-staging \
  --image=gcr.io/kuar-demo/kuard-amd64:2 \
  --replicas=1 \
  --labels="ver=2,app=bandicoot,env=staging"
```

此時，應該會有四個 Deployment：alpaca-prod、alpaca-staging、bandicoot-prod
和 bandicoot-staging：

```
$ kubectl get deployments --show-labels

NAME                ... LABELS
alpaca-prod         ... app=alpaca,env=prod,ver=1
alpaca-test         ... app=alpaca,env=test,ver=2
bandicoot-prod      ... app=bandicoot,env=prod,ver=2
bandicoot-staging   ... app=bandicoot,env=staging,ver=2
```

可以基於這些 label，視覺化成為范恩圖（Venn diagram）（圖 6-1）。

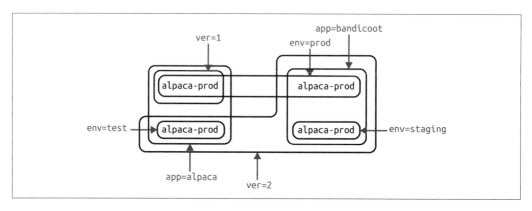

圖 6-1　上面建立的 Deployment 都有各自的 label，將它們視覺化表示

修改 Label

Label 也可以在物件建立之後，套用或是更新。

```
$ kubectl label deployments alpaca-test "canary=true"
```

 這裡有個警告要注意。在這個例子中，kubectl label 只會改變
Deployment 本身，並不會影響 Deployment 所建立的物件（像是
ReplicaSet 和 Pod）。若想這樣做，就必須修改 Deployment 中的嵌
入式模板。

也可以在 kubectl 中，利用 -L 讓 lable 做為一個欄位列出：

```
$ kubectl get deployments -L canary
```

```
NAME                DESIRED   CURRENT   ... CANARY
alpaca-prod         2         2         ... <none>
alpaca-test         1         1         ... true
bandicoot-prod      2         2         ... <none>
bandicoot-staging   1         1         ... <none>
```

可以透過加上（-）於後綴，移除 label：

```
$ kubectl label deployments alpaca-test "canary-"
```

Label 選擇器

Label 選擇器可以用於篩選 Kubernetes 物件。選擇器使用簡單的布林（Boolean）語言。選擇器可以在終端用戶（透過工具，像是 kubectl），和不同的物件（像是 ReplicaSet 如何與它的 Pod 對應）。

每個 Deployment（透過一個 ReplicaSet）透過 label 指定的嵌入模板，建立一組 Pod。這是由 kubectl run 指定所配置的。

執行 kubectl get pods 指令，可以獲取叢集中所有正在運行的 Pod。可以看見有三種環境，共有六個 kuard Pod。

```
$ kubectl get pods --show-labels
```

```
NAME                              ... LABELS
alpaca-prod-3408831585-4nzfb      ... app=alpaca,env=prod,ver=1,...
alpaca-prod-3408831585-kga0a      ... app=alpaca,env=prod,ver=1,...
alpaca-test-1004512375-3r1m5      ... app=alpaca,env=test,ver=2,...
bandicoot-prod-373860099-0t1gp    ... app=bandicoot,env=prod,ver=2,...
bandicoot-prod-373860099-k2wcf    ... app=bandicoot,env=prod,ver=2,...
bandicoot-staging-1839769971-3ndv ... app=bandicoot,env=staging,ver=2,...
```

你有可能會看到，上面範例中沒看到的 label（`pod-template-hash`）。這個 label 由 Deployment 附加的，以便追蹤不同 Pod 模板，產生了哪些 Pod。這能夠讓 Deployment 以簡潔的方式管理任何更新，將會在第 12 章有更深入的內容

可以利用 `--selector` 的旗標，列出 ver 的 label 等於 2 的 Pod：

```
$ kubectl get pods --selector="ver=2"
```

NAME	READY	STATUS	RESTARTS	AGE
alpaca-test-1004512375-3r1m5	1/1	Running	0	3m
bandicoot-prod-373860099-0t1gp	1/1	Running	0	3m
bandicoot-prod-373860099-k2wcf	1/1	Running	0	3m
bandicoot-staging-1839769971-3ndv5	1/1	Running	0	3m

如果指定兩個選擇器用逗號（,）區隔，此時只有兩個條件同時符合的物件，才會被輸出。這就是 AND 的邏輯操作：

```
$ kubectl get pods --selector="app=bandicoot,ver=2"
```

NAME	READY	STATUS	RESTARTS	AGE
bandicoot-prod-373860099-0t1gp	1/1	Running	0	4m
bandicoot-prod-373860099-k2wcf	1/1	Running	0	4m
bandicoot-staging-1839769971-3ndv5	1/1	Running	0	4m

也可以篩選 label 是否有包含某些值。以下範例介紹，如何在 app label 中，包含 alpaca 或 bandicoot 的 Pod（應該會輸出剛剛建立的六個 Pod）。

```
$ kubectl get pods --selector="app in (alpaca,bandicoot)"
```

NAME	READY	STATUS	RESTARTS	AGE
alpaca-prod-3408831585-4nzfb	1/1	Running	0	6m
alpaca-prod-3408831585-kga0a	1/1	Running	0	6m
alpaca-test-1004512375-3r1m5	1/1	Running	0	6m
bandicoot-prod-373860099-0t1gp	1/1	Running	0	6m
bandicoot-prod-373860099-k2wcf	1/1	Running	0	6m
bandicoot-staging-1839769971-3ndv5	1/1	Running	0	6m

最後，來尋找某個 label 是否有 Pod 被套用。以下範例，篩選任何 Deployment 包含 canary 的 label：

```
$ kubectl get deployments --selector="canary"

NAME          DESIRED   CURRENT   UP-TO-DATE   AVAILABLE   AGE
alpaca-test   1         1         1            1           7m
```

也有「否定式」的版本，如表 6-2 所示。

表 6-2　選擇器運算子

運算子	描述
key=value	key 等於 value
key!=value	key 不等於 value
key in (value1, value2)	key 等於 value1 或 value2
key notin (value1, value2)	key 不等於 value1 或 value2
key	有配置 key
!key	沒有配置 key

API 物件的 Label 選擇器

當 Kubernetes 物件指向另一個物件時，就會用到 label 選擇器。不是利用前一節所述的簡單字串，而是解析結構。

因為種種歷史因素（Kubernetes 不會破壞 API 相容性！），所以有兩個形式處理。大多物件都支援最新且強大的選擇器運算子。

像是有一個 app=alpaca,ver in (1, 2) 這樣的選擇器，就會被轉換成：

```
selector:
  matchLabels:
      app: alpaca
  matchExpressions:
    - {key: ver, operator: In, values: [1, 2]} ❶
```

❶ 這是使用緊湊語法的 YAML。這個欄位（matchExpressions），是包成三個項目的 map。最後一個項目（values），又包含著兩個項目。

所有的運算式，皆由邏輯 AND 判斷。表示 != 運算子，唯一的方法是，先轉換成 NotIn 單一值的運算式。

較舊的指定選擇器（用於 ReplicationController 和 service），只支援 = 的操作。這是簡單的主鍵 / 值組，它必須要完全符合被篩選的物件。

篩選 app=alpaca,ver=1，會如下表示：

```
selector:
  app: alpaca
  ver: 1
```

Annotation

Annotation 是 Kubernetes 物件儲存中繼資料的空間，目的是僅用於協助工具和程式庫使用。這是讓其他程式，透過 API 驅使 Kubernetes，儲存物件的不透明資料。Annotation 可用於工具本身，也可以在外部系統之間傳遞配置資訊。

label 用於識別和群組物件們，而 annotation 用於提供額外的資訊，這些額外的資訊是，有關物件從何而來、如何使用或是對於這個物件的政策。label 和 annotation 是共通的，而 annotation 或 label 用在什麼地方是個問題。如何不確定，就馬上將資訊加入到物件的 annotation，如果想要在選擇器上使用的話，就將它改為 label。

Annotation 用於：

- 記錄物件更新「原因」，這個原因只有最近一次的。

- 將某個調度策略，傳遞給特定的調度器。

- 擴充最後一次透過工具更新資源的資料，以及如何更新（用於偵測透過工具和智慧型合併的變更）。

- 構建、發布或不適合 label 的映像檔資訊（可能包含 Git hash、時間戳記或 PR 號碼等等）。

- 使 Deployment 物件（於第 12 章）能夠記錄 ReplicaSet（用來管理 rollout 的資源）。

- 提供額外的資訊，讓 UI 增強視覺化的質量或可用性。舉例來說，讓物件包含一個 icon 的連結（或是一個 base64 編碼的 icon）。

- 啟用 Kubernetes 的 alpha 功能（不是釋出一級的 API，而是將功能的參數放在 annotation 裡）。

Annotation 用途有很多，但主要是用於滾動部署。在滾動部署時，Annotation 會記錄 rollout 的狀態，以及提供回朔到上一個狀態的必要資訊。

Kubernetes 的使用者，應該避免使用 Kubernetes API 伺服器做為一般用途的資料庫。Annotation 適用於與特定資源關聯的少量資料。如果要將資料儲存在 Kubernetes 中，但沒有明確與其他物件互相關聯，請斟酌將這份資料儲存在其他更合適的資料庫中。

定義 Annotation

Annotation 主鍵的格式與 label 相同。因為它們通常用來與工具之間互相傳遞資訊，因此「namespace」的主鍵是相當重要的。下面幾個主鍵範例說明了 namespace 的重要性：deployment.kubernetes.io/revision 或是 kubernetes.io/change-cause。

annotation 的值，是由任意格式的字串組成。這能讓用戶有最大的靈活度，因為這是任意字串欄位，能儲存任何的資料，也沒有格式的驗證。像是，將 JSON 文件存在 annotation 也是很常見的事。要特別注意是，Kubernetes 伺服器不會知道 annotation 值的格式必須是什麼。如果要使用 annotation 傳遞或儲存資料，就不能夠保證資料的正確性，這會讓除錯更加困難。

Annotation 定義在物件中的 metadata 中。

```
...
metadata:
  annotations:
    example.com/icon-url: "https://example.com/icon.png"
...
```

Annotation 非常方便，而且提供強大的鬆散耦合。但應該要審慎地使用它，避免不具類型的資料混亂。

清除

在本章，清除所有 Deployment 很簡單的：

```
$ kubectl delete deployments --all
```

如果想要篩選某些 Deployment 刪除，可以使用 --selector 的旗標。

總結

Label 在 Kubernetes 叢集中，用於識別和篩選群組物件。也能夠用於選擇器查詢，以提供彈性的執行階段物件的分組，像是 Pod。

Annotation 讓自動化工具和用戶端的程式庫可以使用主鍵／值的中繼資料。也用於保存配置資料給外部工具（像是第三方調度器和監控工具）。

label 和 annotation 是讓主要元件如何一起作用以確保叢集預期狀態的關鍵。使用 label 和 annotation 強化了 Kubernetes 靈活力，並且有了建置自動化工具和開發流程的開始。

## 第七章

服務探索

Kubernetes 是個具有活力的系統。這個系統包含將 Pod 調度到 node 中、維持 Pod 運行，以及根據需求重新調度。也可依據負載自動變更 Pod 的數量（像是 horizontal pod autoscaling（請參閱第 102 頁的「ReplicaSet 的自動擴展」）。API 驅動的性質是鼓勵大家建立更多更好的自動化。

雖然 Kubernetes 的動態特性讓許多事變得容易，但是在處理*服務探索*時會有些麻煩。大多的網路基礎架構，不是為了 Kubernetes 如此動態的特性而建構的。

什麼是服務探索？

這類的問題和解決方案，通稱為*服務探索*。服務探索工具，有助於發現哪些程序正在監聽？位在哪個位址？現在有哪些服務的問題？一個優秀的服務探索系統，要能夠讓用戶快速可靠地找到問題，要能夠低延遲反應，當服務有相關資訊改變，用戶端也能馬上處理。最後，要能夠儲存豐富的定義。例如，也許有多個連結埠對應一個服務。

網域名稱系統（DNS），在網際網路上是傳統的服務探索系統。DNS 是設計給固定不變的名稱解析，在網際網路上也會有較長時間的快取。在網際網路上它是個偉大系統，但對於 Kubernetes 動態特性有些不足。

不幸的是，許多系統（例如：Java 預設情況下），是直接從 DNS 解析名稱，而且不會重新解析。這會導致用戶端快取過期，以及取得錯誤的 IP。即使是把 TTL 時間設短和有良好的用戶端，當 DNS 名稱解析變更之後，跟用戶端真的取得到變更的時間差，還是會有一點延遲。在典型的 DNS 查詢，也有回傳類型和數量的限制。當同一域名的 A record 超過 20-30 個，會對傳輸效能造成影響。SRV 可以解決這個問題但不易上手。同時若一個 DNS record 包含多個 IP，用戶端通常會選擇第一個，所以 DNS server 需要隨機或循環 record 順序。同時這不能取代負載平衡的機制。

服務物件

Kubernetes 的服務探索，就是以 Service 物件為基礎的。

Service 物件是建立 label 選擇器的方式之一。稍後會看到，Service 物件，額外做了一些處理。

與 kubectl run 來建立 Deployment 的方法一樣簡單，透過 kubectl expost 建立 service。我們建立一些 Deployment 和 service，看看它們彼此怎麼運作的：

```
$ kubectl run alpaca-prod \
  --image=gcr.io/kuar-demo/kuard-amd64:1 \
  --replicas=3 \
  --port=8080 \
  --labels="ver=1,app=alpaca,env=prod"
$ kubectl expose deployment alpaca-prod
$ kubectl run bandicoot-prod \
  --image=gcr.io/kuar-demo/kuard-amd64:2 \
  --replicas=2 \
  --port=8080 \
  --labels="ver=2,app=bandicoot,env=prod"
$ kubectl expose deployment bandicoot-prod
$ kubectl get services -o wide

NAME            CLUSTER-IP      ... PORT(S)   ... SELECTOR
alpaca-prod     10.115.245.13 ... 8080/TCP ... app=alpaca,env=prod,ver=1
```

```
bandicoot-prod    10.115.242.3  ... 8080/TCP ... app=bandicoot,env=prod,ver=2
kubernetes        10.115.240.1  ... 443/TCP  ... <none>
```

執行這些指令後，會看到三個 service。剛剛所建立的是 `alpaca-prod` 和 `bandicoot-prod`。而 `kubernetes` 是由 Kubernetes 叢集自動建立的，為了能夠讓應用程式與 API 溝通。

可以看到 `SELECTOR` 的欄位，`alpaca-prod` service 就是將 Deployment 的 label 配置到選擇器中，並且指定為 service 溝通的連結埠。`kubectl expose` 指令，從 Deployment 定義中，提取 label 選擇器和相關的連結埠（這裡的範例是 8080 埠）。

此外，這個 service 被分配到一個稱為 *cluster IP* 的虛擬 IP。這是一個特殊的 IP 位址，系統會在所有的 Pod 中，透過選擇器之間的識別，進行負載平衡。

為了與 service 互動，可以以 port-forward 進入 `alpaca` 其中一個 Pod。執行這個指令之後，就可以切換到瀏覽器，透過 *http://localhost:48858* 訪問 `alpaca` 的 Pod，可以看到連接埠轉發正在作用中：

```
$ ALPACA_POD=$(kubectl get pods -l app=alpaca \
    -o jsonpath='{.items[0].metadata.name}')
$ kubectl port-forward $ALPACA_POD 48858:8080
```

Service 的 DNS

因為 cluster IP 是虛擬且靜態的，適合配置一個 DNS 名稱，所以用戶端 DNS 快取的問題就沒有了。在 namespace 中，只需要用 service 名稱，就能連結 Pod。

Kubernetes 提供一個對外暴露出 Pod 的 DNS 服務，而只對外暴露出正在運行的 Pod。建立 Kubernetes 叢集時，這個 DNS 服務就已經安裝好了。DNS 服務本身由 Kubernetes 管理，是個「由 Kubernetes 建立 Kubernetes」很好的例子。它會產生 DNS 名稱指定於 cluster IP。

可以在 kuard 伺服器的狀態頁上，展開「DNS Resolver」分頁。查詢 alpaca-prod 的 A record。輸出訊息應如下所示：

```
;; opcode: QUERY, status: NOERROR, id: 12071
;; flags: qr aa rd ra; QUERY: 1, ANSWER: 1, AUTHORITY: 0, ADDITIONAL: 0

;; QUESTION SECTION:
;alpaca-prod.default.svc.cluster.local. IN       A

;; ANSWER SECTION:
alpaca-prod.default.svc.cluster.local. 30       IN       A       10.115.245.13
```

完整的 DNS 名稱會是 alpaca-prod.default.svc.cluster.local.。解說如下：

alpaca-prod

提出查詢 service 的名稱。

default

該 service 所在的 namespace。

svc::

視為 service 的簡稱。這讓 Kubernetes 能夠保留空間暴露其他種類的 DNS。

cluster.local

這是叢集的基本域名。這是大多數叢集的預設值。管理人員可能會改變這個域名，讓叢集使用唯一的 DNS 名稱，使其能夠跨叢集連結。

當指定與本身相同 namespace 的 service 時，可以只使用 service 名稱（alpaca-prod）。如果指定非與本身相同的 namespace，可以使用 alpaca-prod.default。當然也可以使用完整的 service 名稱（alpaca-prod.default.svc.cluster.local.。可以在 kuard 的「DNS Resolver」的頁面中，測試每一種的不同域名。

Readiness 檢查

通常當應用程式啟動時，尚未準備好接受任何請求。這時會有數秒到數分鐘不等的初始化。Service 物件所要做的任務，就是透過 readiness 檢查 Pod 是否已經準備就緒。在 Deployment 中，新增 readiness 檢查：

```
$ kubectl edit deployment/alpaca-prod
```

這個指令會取得目前 alpaca-prod 的 Deployment，而且會開啟編輯器。當儲存且關閉編輯器後，它會寫入到 Kubernetes 中。這是不用存成 YAML 檔的快速編輯物件的方法。

新增以下部分：

```
spec:
  ...
  template:
    ...
    spec:
      containers:
        ...
        name: alpaca-prod
        readinessProbe:
          httpGet:
            path: /ready
            port: 8080
          periodSeconds: 2
          initialDelaySeconds: 0
          failureThreshold: 3
          successThreshold: 1
```

這個配置讓它能夠透過 HTTP GET 至 8080 埠的 /ready 進行 readiness 檢查。這個檢查，每兩秒鐘進行一次。如果三次檢查失敗，這個 Pod 會被視為沒有準備好。如果有一次的成功，這個 Pod 就會被視為已經準備就緒。

只有準備就緒的 pod，才接受外來的流量。

像這樣變更 Deployment 定義，會刪除和重新建立 alpaca 的 Pod。因此，就必須重新啟動剛剛所執行的 port-forward 指令：

```
$ ALPACA_POD=$(kubectl get pods -l app=alpaca \
    -o jsonpath='{.items[0].metadata.name}')
$ kubectl port-forward $ALPACA_POD 48858:8080
```

開啟瀏覽器進入 *http://localhost:48858*，會看到 kuard 執行個體的偵錯頁面。點擊「Readiness Check」按鈕，應該會看見這個頁面一直在變動，會出現從系統來的 readiness 檢查，一般來說，應該是兩秒一次。

透過另一個終端視窗，針對 alpaca-prod service 的 endpoint 執行 watch 指令。Endpoint 是尋找 service 將流量往何處去的底層方法，這部分在之後的章節會介紹。--watch 選項，可以讓 kubectl 指令持續輸出更新。這是簡單可以即時觀察 Kubernetes 物件變化的方式。

```
$ kubectl get endpoints alpaca-prod --watch
```

現在可以回到瀏覽器中，點擊 readiness check 中的「Fail（失敗）」連結。會看見伺服器回傳 500 的狀態。隨後，其中一台伺服器會從 service 的 endpoint 中被移除。點擊「Succeed（成功）」之後，會注意到當 readiness 檢查通過後，endpoint 中原本被移除的伺服器也會被加回來。

readiness 檢查，是對於過載或是有問題的伺服器，向系統表示不希望接受到任何流量的方法。這正是一個實現正常關機（graceful shutdown）很好的方法。伺服器表示不再接受流量，等待現有的連結關閉後，才完全的結束程序。

在終端視窗按下 Control-C 退出 port-forward 和 watch 的指令。

將叢集對外開放

到目前為止所介紹的部分，都是有關於叢集暴露給內部服務使用。一般來說，cluster IP 只能在叢集內存取。有時候，必須讓對外流量進來。

最簡單的方法是使用 NodePort 的功能，能讓 service 更加強化了。除了 cluster IP 之外，系統會監聽一個連結埠（或是可以自己指定），接下來每個 node 會讓其連結埠流量轉發到該 service。

使用這個功能之後，只要可以連結到任一 node，就可以存取這個 service。使用 NodePort，讓你不需要知道 Pod 在哪一個 node 上。這個可以集成硬體或軟體的負載平衡器，進一步暴露 service。

試試修改 alpaca-prod service：

```
$ kubectl edit service alpaca-prod
```

修改 spec.type 欄位為 NodePort。也可以透過 kubectl expose 建立 service 時指定 --type=NodePort。系統就會分配新的 NodePort：

```
$ kubectl describe service alpaca-prod

Name:              alpaca-prod
Namespace:         default
Labels:            app=alpaca
                   env=prod
                   ver=1
Annotations:       <none>
Selector:          app=alpaca,env=prod,ver=1
Type:              NodePort
IP:                10.115.245.13
Port:              <unset> 8080/TCP
NodePort:          <unset> 32711/TCP
Endpoints:         10.112.1.66:8080,10.112.2.104:8080,10.112.2.105:8080
Session Affinity:  None
No events.
```

這邊可以看到系統分配 32711 埠到這個 service。現在可以從叢集中的任一 node 的連結埠，訪問這個 service。如果是位於同一個網路，就可以直接存取它。但如果你的叢集在雲端，可以透過 SSH 通道，像是這樣：

```
$ ssh <node> -L 8080:localhost:32711
```

打開瀏覽器進入 *http://localhost:8080*，就能夠連接這個 service 了。每一個送到 service 的流量，會隨機進入到其中的一個 Pod。多次重新整理這個頁面，會發現流量導入到不同的 Pod。

完成後，請退出 SSH session。

整合雲端資源

最後，如果你的雲服務有支援（而且正在配置叢集），可以使用 LoadBalancer。那麼 NodePort 會配置在雲服務資源上，建立一個新的負載平衡器，並直接連結至叢集中的 node。

再一次編輯 alpaca-prod service（kubectl edit service alpaca-prod），並修改 spec.type 為 LoadBalancer。

如果馬上執行 kubectl get services，在 alpaca-prod 那一列，會看到 EXTERNAL-IP（外部 IP）的欄位，顯示 pending。稍等一段時間後，就會看到由雲端供應商分配的公共 IP 位址。可以透過雲端供應商提供的控制台，看看 Kubernetes 怎麼執行這個工作的：

```
$ kubectl describe service alpaca-prod

Name:              alpaca-prod
Namespace:         default
Labels:            app=alpaca
                   env=prod
                   ver=1
```

```
Selector:                app=alpaca,env=prod,ver=1
Type:                    LoadBalancer
IP:                      10.115.245.13
LoadBalancer Ingress:    104.196.248.204
Port:                    <unset>  8080/TCP
NodePort:                <unset>  32711/TCP
Endpoints:               10.112.1.66:8080,10.112.2.104:8080,10.112.2.105:8080
Session Affinity:        None
Events:
  FirstSeen ... Reason              Message
  --------- ... ------              -------
  3m        ... Type                NodePort -> LoadBalancer
  3m        ... CreatingLoadBalancer  Creating load balancer
  2m        ... CreatedLoadBalancer   Created load balancer
```

在這裡可以看到，104.196.248.204 這個 IP 位置已經分配在 alpaca-prod 這個 service 上了。可以開啟瀏覽器嘗試訪問一下吧！

這個範例是由 Google Cloud Platform 的 GKE，啟用及管理的叢集。但是 LoadBalancer 只能配置在某些雲上。另外，有些雲端供應商的負載平衡器是基於 DNS（像是：AWS ELB）。這時候，會看到的是 hostname（主機名稱），而不是 IP。而且，基於雲端供應商，有些負載平衡器從分配到真正能使用，可能要花一點時間。

詳細資訊

Kubernetes 的產生，是為了能夠擴展系統。因此，它有方法能夠允許更進一步的集成。了解如何實現像是 service 這樣複雜的細節，對於故障排除是有幫助的，或是建立更多的進階集成。這個章節，將會再更深入一點。

Endpoint

有些應用程式（包含系統本身），想要能夠使用 service，但不需要有 cluster IP。可以使用另一個物件，叫做 Endpoints。對於每一個 Service 物件，Kubernetes 會與 Service 一同建立 Endpoint 物件，它包含給 Servie 的 IP 位址：

```
$ kubectl describe endpoints alpaca-prod

Name:              alpaca-prod
Namespace:         default
Labels:            app=alpaca
                   env=prod
                   ver=1
Subsets:
  Addresses:               10.112.1.54,10.112.2.84,10.112.2.85
  NotReadyAddresses:       <none>
  Ports:
    Name      Port    Protocol
    ----      ----    --------
    <unset>   8080    TCP

No events.
```

要使用 service，在進階的應用程式中，會透過 Kubernetes API 直接查詢 endpoint。Kubernetes API 甚至可以用「watch」物件，當它們有任何改變時馬上回應。只要透過這樣的方式，當 service 相關的 IP 發生變化，用戶端能夠立即反應。

這邊來證明一下。在終端視窗中執行以下指令，並持續讓它運行：

```
$ kubectl get endpoints alpaca-prod --watch
```

這時候會輸出 endpoint 目前的狀態，我們先放著等等再回來看。

```
NAME          ENDPOINTS                                              AGE
alpaca-prod   10.112.1.54:8080,10.112.2.84:8080,10.112.2.85:8080     1m
```

再來開啟另一個終端視窗，刪除並重新建立 alpaca-prod Deployment。

```
$ kubectl delete deployment alpaca-prod
$ kubectl run alpaca-prod \
  --image=gcr.io/kuar-demo/kuard-amd64:1 \
  --replicas=3 \
  --port=8080 \
  --labels="ver=1,app=alpaca,env=prod"
```

這時候回頭看前一個終端視窗，會發現當你刪除和重新建立這些 Pod 時，會輸出最新 service 關聯的 IP。輸出會像以下這樣：

```
NAME          ENDPOINTS                                            AGE
alpaca-prod   10.112.1.54:8080,10.112.2.84:8080,10.112.2.85:8080   1m
alpaca-prod   10.112.1.54:8080,10.112.2.84:8080     1m
alpaca-prod   <none>     1m
alpaca-prod   10.112.2.90:8080     1m
alpaca-prod   10.112.1.57:8080,10.112.2.90:8080     1m
alpaca-prod   10.112.0.28:8080,10.112.1.57:8080,10.112.2.90:8080   1m
```

如果一開始創造程式就在 Kubernetes 上運行，對於 Endpoints 物件是有利的。但大多的專案都不是。大多數的系統都是透過固定的 IP 來連結而不會去變動。

手動服務探索

Kubernetes service 構建於 Pod 的 label 選擇器之上。這代表可以用 Kubernetes API 做到基本的服務探索，不需要用到 Service 物件。這邊來看一下怎麼做到的。

使用 kubectl（和透過 API），可以簡單看到在範例的 Deployment 上有哪些 IP 對應到哪些 Pod：

```
$ kubectl get pods -o wide --show-labels

NAME                       ... IP           ... LABELS
alpaca-prod-12334-87f8h    ... 10.112.1.54  ... app=alpaca,env=prod,ver=1
alpaca-prod-12334-jssmh    ... 10.112.2.84  ... app=alpaca,env=prod,ver=1
alpaca-prod-12334-tjp56    ... 10.112.2.85  ... app=alpaca,env=prod,ver=1
```

```
bandicoot-prod-5678-sbxzl  ... 10.112.1.55 ... app=bandicoot,env=prod,ver=2
bandicoot-prod-5678-x0dh8  ... 10.112.2.86 ... app=bandicoot,env=prod,ver=2
```

這很方便，但如果有一堆 Pod 要怎麼辦？你應該會想要基於 label 篩選一部分的
Deployment。以下方法可以只篩選 alpaca 的應用程式：

```
$ kubectl get pods -o wide --selector=app=alpaca,env=prod

NAME                           ... IP          ...
alpaca-prod-3408831585-bpzdz ... 10.112.1.54 ...
alpaca-prod-3408831585-kncwt ... 10.112.2.84 ...
alpaca-prod-3408831585-l9fsq ... 10.112.2.85 ...
```

此時，我們有基礎服務探索的功力了！可以利用 label 來識別有需要的 Pod，透過
這些 label 取得 Pod 和取得這些 IP 位址。但對於持續配置一組正確的 label 是棘手
的。這就是為什麼要有 Service 物件的原因。

kube-proxy 和 Cluster IP

cluster IP 是靜態的虛擬 IP，它負載平衡流量到 service 中的所有 endpoint。有一個
很厲害的組件叫做 kube-proxy，它運行在每個 node 中。（圖 7-1）

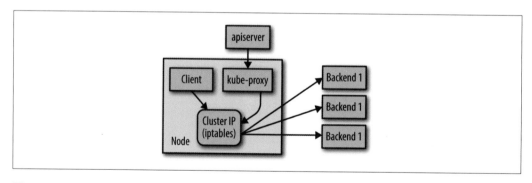

圖 7-1　配置和使用 cluster IP

在圖 7-1，kube-proxy 透過 API 伺服器監視叢集中的新 service。然後，它在該主機編寫一組 iptables 的規則，以重寫封包的目的地，讓其直接進入該 service 其中一個 endpoint。假如某個 service 中的 endpoint 發生變化（可能由於 Pod 的開關，或是失敗的 readiness 檢查），將會重寫該組 iptables 規則。

cluster IP 通常在建立 service 時由 API 伺服器所分配。但是當建立 service，用戶可以指定 IP。一旦建立後，除非刪除或重建 Service 物件，否則無法改變。

> Kubernetes service 的位址範圍，可以在 kube-apiserver 的 binary，透過 --service-cluster-ip-range 旗標設定。service 位址的範圍，不該與 Docker bridge 或是 Kubernetes node 的 IP 子網或是範圍重疊。
>
> 另外，請求的 Cluster IP 必須是這個範圍內尚未被分配的 IP。

Cluster IP 的環境變數

雖然大多數人都透過 DNS 服務尋找 cluster IP，但有一些老舊機制還在使用中。其中一個是當 Pod 啟動時，在 Pod 中建立一組環境變數。

為了看這個範例，讓我們看看 kuard 的 bandicoot 實例的控制台。在終端輸入以下指令：

```
$ BANDICOOT_POD=$(kubectl get pods -l app=bandicoot \
    -o jsonpath='{.items[0].metadata.name}')
$ kubectl port-forward $BANDICOOT_POD 48858:8080
```

開啟瀏覽器並進入 *http://localhost:48858*，查看這個伺服器的狀態頁。點擊「Environment」的按鈕，並注意到 alpaca service 的環境變數。這個狀態頁應該會像表 7-1。

表 7-1　Service 的環境變數

名稱	值
ALPACA_PROD_PORT	tcp://10.115.245.13:8080
ALPACA_PROD_PORT_8080_TCP	tcp://10.115.245.13:8080
ALPACA_PROD_PORT_8080_TCP_ADDR	10.115.245.13
ALPACA_PROD_PORT_8080_TCP_PORT	8080
ALPACA_PROD_PORT_8080_TCP_PROTO	tcp
ALPACA_PROD_SERVICE_HOST	10.115.245.13
ALPACA_PROD_SERVICE_PORT	8080

主要的環境變數是 ALPACA_PROD_SERVICE_HOST 和 ALPACA_PROD_SERVICE_PORT。其他的環境變數是為了 Docker link 變數（現在已經停用）所建立的。

使用環境變數的問題是，必須要按照資源順序來建立。這些 service 必須在 Pod 建立環境變數之前被建立。這在部署一組較大應用程式時，service 可能會帶來相當大的複雜性。另外，只使用環境變數，可能對很多用戶來說會有些不可思議。因此，DNS 應該是比較好的選擇。

清除

執行下面的指令，清除所有在本章節建立的物件。

```
$ kubectl delete services,deployments -l app
```

總結

Kubernetes 是個動態系統，它挑戰傳統的命名服務和連接服務的方法。Service 物件，提供了一個靈活而強大的方法，來暴露叢集內外的 service。利用這裡介紹的技術，可以將服務互相連結，並將其對外暴露在叢集。

雖然在 Kubernetes 中使用動態服務探索導入了一些新的概念，可能一開始看起來很複雜，經過理解和適應是解開 Kubernetes 功能的關鍵。當應用程式能夠動態地查找服務，並且應對應用程式的位址，就不用擔心應用程式運作移動的問題。開始以邏輯的方式思考 service，讓 Kubernetes 處理容器放置的細節，這是一個難題。

## 第八章

ReplicaSet

之前介紹的都是如何在 Pod 運行一個獨立的容器。但這些 Pod 基本上是獨立且一次性的。基於以下理由，你需要在某個時間下運行多個 replica：

備援性

因為有多個運行中的執行個體，表示故障可以被容忍的。

擴展性

因為有多個運行中的執行個體，表示可以處理更多的請求。

共享性

不同的 replica，可以並行處理一個運算。

當然，你可以手動做出多個 Pod manifest 檔，建立多個 Pod 的副本（儘管很類似），但這項工作枯燥且容易出錯。邏輯上，管理一套 Pod 應該視為單個體來定義和管理。這正是 ReplicaSet 的目的。ReplicaSet 做為一個整個叢集的 Pod 管理器，確保正在運行的 Pod 數量。

由於 ReplicaSet 能夠輕鬆建立和管理副本式的 Pod，因此用於描述常見應用程式中部署模式的構建模板，並為基礎架構級別的應用程式提供了自我修復的基礎。由 ReplicaSet 管理的 Pod 在特定的故障條件（如 node 故障和網路磁碟分割）下會自動調度。

要了解 ReplicaSet 物件，最簡單的的方法就是利用「餅乾模具」和「做多少塊餅乾」聯想。當我們要定義一個 ReplicaSet，必須要定義一個規格，這個規格包含我們需要建立餅乾模具和 replica 的數量。此外，我們需要定義一個 ReplicaSet 需要查找 Pod 的方式。管理複製的 Pod 的實際行為，調節迴圈（*reconciliation loop*）就是一個例子。這樣的迴圈對於 Kubernetes 的設計和實作是很重要的。

調節迴圈（reconciliation loop）

調節迴圈背後的概念是檢查預期的狀態和觀測（目前）狀態是否符合。預期狀態（Desired state），就是你想要的狀態。使用 ReplicaSet，它配置預期 replica 數量和需要製作 Pod 的定義。舉例來說，預期狀態是讓 Pod 運行三個 replica，讓它們運行 kuard 伺服器。

反之，目前狀態（current state），是目前觀察到系統的狀態。舉例來說，假設只有兩個 kuard 在運行。

調節迴圈會不斷地在運行，觀察叢集的目前狀態，試圖讓狀態符合預期。以剛剛的例子來說，調節迴圈會建立 kuard 的 Pod 為了讓目前狀態符合預期的三個 replica。

用調節迴圈的方法來管理狀態有很多好處。它本來就是目標驅動和自我修護系統，同時還能容易用簡單幾行程式來表示。

一個具體的例子，ReplicaSet 的調節迴圈是個單一循環，但它同時處理用戶的操作以縮放 ReplicaSet，以及 node 故障或 node 在退出後重新加入叢集。

在本書後面會介紹許多有關調節迴圈的範例。

Pod 與 ReplicaSet 的關聯

貫穿 Kubernetes 其中一個關鍵主題是去耦化。尤其重要的是，在 Kubernetes 的核心概念中，彼此是模組化的，並且可以與其他元件交互替換。本著這種精神，ReplicaSet 和 Pod 的關係是具有鬆散耦合特性的。雖然 ReplicaSet 建立和管理 Pod，但 ReplicaSet 不擁有它自建立的 Pod。ReplicaSet 透過 label 查詢，識別哪些 Pod 應該被它管理。然後 ReplicaSet 利用第 5 章所介紹完全相同的方式，直接透過 Pod 的 API 來建立它所需管理的 Pod。這種「從前門進來（coming in the front door）」的概念，是 Kubernetes 另外一個中心設計概念。在類似的去耦合中，像是建立多個 Pod 的 ReplicaSet，以及對哪些 Pod 進行負載平衡的 service 也是完全獨立，這些都是去耦合的 API 物件。除了支援模塊化之外，Pod 和 ReplicaSet 的去耦化，讓幾個重要的行為成為可能，以下各章節將會介紹。

採用現有容器

雖然在軟體開發上宣告式組態，帶來了有用的幫助，但有些時候更容易建立一些必要的東西。尤其是一開始你可能會用單 Pod 部署容器，而不會去用 ReplicaSet 來管理。但在某些時候，可能需要將單一容器擴展為複製服務，並建立和管理一組類似的容器。甚至已經定義一個讓流量進到 Pod 的負載平衡器。假設 ReplicaSet 擁有它們所建立的 Pod，那麼複製 Pod 的唯一方法是刪除它，然後讓 ReplicaSet 重啟 Pod。但這可能會造成破壞，因為會有一段時間沒有容器的副本在運行。由於 ReplicaSet 與它們管理的 Pod 是去耦合的，因此可以建立一個將「採用」現有 Pod 的 ReplicaSet，並擴展這些容器的其他副本。透過這種方式，可以從單一且不可移除的 Pod 無縫移動到 ReplicaSet 管理的副本式的 Pod 集合中。

隔離容器

一般來說，當伺服器有問題，Pod 層的健康檢查會自動重啟這個 Pod。但是，如果健康檢查不完備，這個 Pod 仍然會在這個副本集之中。在這種情況下，雖然可以直接移除，但這會讓開發人員只能透過日誌來偵錯問題。取而代之的，可以將這個有問題的 Pod 改掉它的 label。這樣做能夠將其與 ReplicaSet（和 service）分離，以便可以偵錯 Pod。ReplicaSet 控制器會注意到 Pod 消失並建立一個新副本，但由於 Pod 仍在運行，開發人員能夠使用它進行交互式偵錯，這比從日誌上進行偵錯要有效多了。

設計 ReplicaSet

ReplicaSet 設計來表示單一且可擴展的微服務。ReplicaSet 的主要特色是，由 ReplicaSet 控制器建立的 Pod 都是完全相同的。一般情況下，這些 Pod 會被 Kubernetes service 的負載平衡器所控制，透過負載平衡器將流量分布到各個跨 Pod。一般來說，ReplicaSet 是為了狀態服務（或幾乎無狀態的）而設計的。由 ReplicaSet 建立的元素是可以被取代的，當 ReplicaSet 縮小時，任一個的 Pod 就會被刪除。由於這種縮小操作，應用程式的行為不應該被改變。

ReplicaSet 規格

就像在 Kubernetes 所有的物件概念一樣，ReplicaSet 透過規格來定義。所有的 ReplicaSet 必須有唯一的名稱（使用 `metadata.name` 欄位定義），描述在同一時間中，應該運行 Pod（replica）數量的部分，以及描述當 replica 預期數量不符合時，用來建立 Pod 的 Pod 模板。範例 8-1 說明必填的 ReplicaSet 定義。

範例 *8-1*：*kuard-rs.yaml*

```yaml
apiVersion: extensions/v1beta1
kind: ReplicaSet
metadata:
  name: kuard
spec:
  replicas: 1
  template:
    metadata:
      labels:
        app: kuard
        version: "2"
    spec:
      containers:
        - name: kuard
          image: "gcr.io/kuar-demo/kuard-amd64:2"
```

Pod 的模板

之前提到，如果目前的 Pod 數量比預期的來的少，那麼 ReplicaSet 控制器就會建立新的 Pod。會以包含 ReplicaSet 規範 Pod 模板來建立 Pod。Pod 的建立方式，與之前章節透過 YAML 一樣。Kubernetes ReplicaSet 控制器不是透過檔案建立和提交 Pod manifest 而是基於 Pod 模板，直接交付給 API 伺服器。以下顯示在 ReplicaSet 中的 Pod 模板範例：

```yaml
template:
  metadata:
    labels:
      app: helloworld
      version: v1
  spec:
    containers:
      - name: helloworld
        image: kelseyhightower/helloworld:v1
        ports:
          - containerPort: 80
```

Label

在任何大小的叢集中，在同一時間有很多不同的 Pod 正在運行，那麼 ReplicaSet 的調節迴圈，要怎麼發現特定 ReplicaSet 的 Pod 呢？ReplicaSet 透過 Pod label 監控叢集的狀態。label 用來篩選 Pod 的列表，以及記錄 Pod。當 ReplicaSet 在初始化時，ReplicaSet 會從 Kubernetes API 取得 Pod 的列表，並透過 label 篩選 Pod。為了符合預期 replica 數，根據回傳的 Pod 數，ReplicaSet 會進行建立或刪除。在 ReplicaSet 的 spec 欄位中定義篩選的 label，而且 label 是理解 ReplicaSet 運作的關鍵。

 ReplicaSet spec 中的選擇器，應該是在 Pod 模板裡 label 的子集合。

建立 ReplicaSet

透過提交 ReplicaSet 物件到 Kubernetes API 的方式來建立 ReplicaSet。在此部分中，我們將會建立透過配置文件和 `kubectl apply` 指令來建立 ReplicaSet。

在範例 8-1 的 ReplicaSet 配置文件中，會確保 `gcr.io/kuar-demo/kuard-amd64:1` 副本的容器會在同一時間運行。

利用 `kubectl apply` 指令，提交 kuard 的 ReplicaSet 到 Kubernetes API 中：

```
$ kubectl apply -f kuard-rs.yaml
replicaset "kuard" created
```

一旦 kuard 的 ReplicaSet 被接受，ReplicaSet 控制器就會發現 Pod 的數量沒有符合預期，再來就會根據 Pod 模板建立新的 kuard 的 Pod。

```
$ kubectl get pods
NAME           READY    STATUS     RESTARTS    AGE
kuard-yvzgd    1/1      Running    0           11s
```

檢查 ReplicaSet

與 Pod 和其他的 Kubernetes API 物件一樣，如果你想進一步了解 ReplicaSet，可以從 describe 指令中，取得更多有關 ReplicaSet 的狀態。以下範例是利用 describe 取得之前建立 ReplicaSet 的詳細資訊：

```
$ kubectl describe rs kuard
Name:          kuard
Namespace:     default
Image(s):      kuard:1.9.15
Selector:      app=kuard,version=2
Labels:        app=kuard,version=2
Replicas:      1 current / 1 desired
Pods Status:   1 Running / 0 Waiting / 0 Succeeded / 0 Failed
No volumes.
```

可以看到 ReplicaSet 的 label 選擇器，和 ReplicaSet 管理的所有 replica 的狀態。

從 Pod 找到所屬的 ReplicaSet

有時候，想要知道某個 Pod 是否透過 ReplicaSet 所管理，如果是的話，那會是哪個？

為了能夠像這樣的探索，ReplicaSet 控制器對每個新建立的 Pod 增加了 annotation。這個 annotation 的主鍵是 kubernetes.io/created-by。如果執行以下指令，就可以從 annotation 的區段找到 kubernetes.io/created-by 項目：

```
$ kubectl get pods <pod-name> -o yaml
```

如果這個 Pod 有被 ReplicaSet 所管理，就會輸出 ReplicaSet 的名稱。要注意的是 annotation 只會盡可能記錄，因為它們只在 Pod 建立時由 ReplicaSet 新增，但可以隨時被用戶刪除。

找到 ReplicaSet 中的 Pod

也可以透過 ReplicaSet 判斷那些被它管理的 Pod。首先可以透過 kubectl describe 指令取得 label。在之前的範例中，label 選擇器是 app=kuard,version=2。透過 --selector 旗標或是簡寫的 -l，找到符合這個選擇器的 Pod：

```
$ kubectl get pods -l app=kuard,version=2
```

這與 ReplicaSet 的查詢完全一樣，可以判斷目前 Pod 的數量。

擴展 ReplicaSet

透過更新在 ReplicaSet 物件中 spec.replicas 的主鍵，可以縮放 ReplicaSet。當 ReplicaSet 擴展時，新的 Pod 會透過 ReplicaSet 中的 Pod 模板，提交給 Kubernetes API。

透過 kubectl scale 指令進行擴展

最簡單的方式是透過在 kubectl 中的 scale 指令。例如，你要擴展成 4 個 replica，可以執行：

```
$ kubectl scale kuard --replicas=4
```

儘管這樣命令式的指令，對於示範和對緊急情況的快速反應（例如：對於突然增加的負載）是有用的，但是也必須修改任何文件檔配置，以符合透過 scale 的指令設定的 replica 數量。當你看到下面的情境，命令式指令的問題變得很明顯：

有天，是由 Alice 擔任 on call 輪值，突然間，她所管理的服務湧進大量的負載。她用 scale 指令，將請求的伺服器增加為 10，這時問題就解決了。但是，Alice 忘了將 ReplicaSet 中修改的設定，併入到原始碼管理中。幾天後，Bob 準備每週的 rollout。Bob 為了使用新的容器映像檔，正在編輯於版本控制中的 ReplicaSet 配置，但是他沒有注意到檔案中的 replica 的數量是 5，而不是 Alice 為了處理大量負載而設定的 10。Bob 繼續進行 rollout，同時開始更新容器的映像檔，並減少了一半的 replica，這時立即造成過載或中斷。

希望這可以說明需要確保任何變更之後，立即進行原始碼管理的宣告式變更。事實上如果需求不是急迫的，建議只做以下章節所述的宣告式變更。

透過 kubectl apply 做宣告式縮放

在宣告式的世界中，會透過在版本管理中修改配置檔，然後套用這個修改到叢集中。為了縮放 kuard 的 ReplicaSet，將 *kuard-rs.yaml* 配置檔中的 replica 的數量修改為 3：

```
...
spec:
  replicas: 3
...
```

對於多人可編輯配置的環境下，你會想要讓變更可以有程式碼審查，最後將其併入版本管理中。無論哪種方法，都可以使用 kubectl apply 指令，將變更的 kuard ReplicaSet 提交給 API 伺服器：

```
$ kubectl apply -f kuard-rs.yaml
replicaset "kuard" configured
```

現在需要更新的 kuard ReplicaSet 已經就定位，ReplicaSet 控制器會檢查預期的 Pod 數量被改變，接下來會做一些行為，以符合預期狀態。除非你在前一個部分已經使用 scale 指令，那麼 ReplicaSet 控制器就會銷毀一個 Pod，將其數量符合 3 個。不然的話，它就會使用 kuard ReplicaSet 上所定義的 Pod 模板，將兩個新 Pod 提交到 Kubernetes API。無論如何，列用 kubectl get pods 指令，列出正在運行的 kuard Pod。你會看到以下輸出：

```
$ kubectl get pods
NAME            READY    STATUS     RESTARTS   AGE
kuard-3a2sb     1/1      Running    0          26s
kuard-wuq9v     1/1      Running    0          26s
kuard-yvzgd     1/1      Running    0          2m
```

ReplicaSet 的自動擴展

雖然有時候，會希望明確控制 ReplicaSet 中的 replica 數量，往往只需要有「足夠」
的 replica 就好。根據 ReplicaSet 中容器的需求而改變定義。舉例來說，像 nginx 這
樣的網站伺服器，可能會根據 CPU 使用率而擴展。對於記憶體快取的服務，可能會
根據記憶體消耗而擴展。在某些情況下，可能會根據客製應用程式的指標而擴展。
Kubernetes 可以利用 *horizontal pod autoscaling*（HPA），來處理這些情況。

 HPA 需要在叢集中安裝 heapster Pod。heapster 會持續監控指標，
以及提供一個 API 讓 HPA 可以決定是否要擴展。大多數安裝
Kubernetes 的方法預設都會包含 heapster。可以在 kube-system 的
namespace 中，列出所有 Pod 來查看是否存在：

> `$ kubectl get pods --namespace=kube-system`

應該會看到一個名叫 heapster 的 Pod 在那邊。如果沒有的話，那麼
自動擴展就無法運作。

「Horizontal pod autoscaling」有點難念，為何不如叫「autoscaling」就好。這是因
為 Kubernetes 做了一個水平擴展和垂直擴展之間的區別，水平擴展是涉及到建立一
個 Pod 額外的 replica；垂直擴展則是涉及到某個 Pod 的新增所需要的資源（例如，
新增 Pod 需要的 CPU）。而垂直擴展目前尚未在 Kubernetes 中，但已經在計畫中。
此外，許多解決方案能夠自動擴展叢集，根據資源需求進行了擴展機器數量，但此
解決方案不包含在本書中。

根據 CPU 自動擴展

最常見的 Pod 自動擴展，是依據 CPU 使用率。一般來說，對於基於請求和使用相對靜態記憶體的系統來說，按照比例使用 CPU 是比較有用的。

要擴展 ReplicaSet，可以用下面的指令：

```
$ kubectl autoscale rs kuard --min=2 --max=5 --cpu-percent=80
```

這個指令建立了一個自動縮放器，它可以在兩到五個 replica 之間，在 CPU 門檻為 80% 做縮放。要查看、修改或是刪除這個資源，可以用 kubectl 指令，配合 horizontalpodautoscalers 的資源。horizontalpodautoscalers 有點長，但是可以輸入 hpa 就好：

```
$ kubectl get hpa
```

 因 為 Kubernetes 的 去 耦 合 特 性，horizontal pod autoscaler 和 ReplicaSet 之間並沒有直接的連結。雖然這對於模組和結構化非常有用，但也造成了一些反面模式。尤其是將自動擴展和 replica 數量的命令式或宣告式管理結合，這會有一點問題。如果你和自動縮放器都試圖修改 replica 數量，那麼很可能會發生衝突，而導致非預期的行為。

移除 ReplicaSet

當不再需要 ReplicaSet 時，可以使用 kubectl delete 指令刪除它。預設情況下，也會刪除 ReplicaSet 所管理的 Pod：

```
$ kubectl delete rs kuard
replicaset "kuard" deleted
```

執行 kubectl get pods 指令後，會看到由 kuard ReplicaSet 所建立的全部 kuard Pod
也跟著被刪除：

```
$ kubectl get pods
```

如果不想刪除由 ReplicaSet 所管理的 Pod，那麼可以將 --cascade 旗標設為 false，
只會刪除 ReplicaSet 物件，而不會刪除 Pod：

```
$ kubectl delete rs kuard --cascade=false
```

總結

透過 ReplicaSet 建立 Pod 提供了強壯的應用程式所需具備的自動故障轉移基礎，並
透過實現可擴展且健全的部署模式，讓部署變得很輕鬆。ReplicaSet 應該用於你關
心的任何 Pod，即使它是單個 Pod ！有些人甚至預設就選擇使用 ReplicaSet，而不
是 Pod。一個典型的叢集會有很多 ReplicaSet，分散在服務所觸及到的區域。

## 第九章

DaemonSet

ReplicaSet 通常是用於建立具有多個 replica 的服務（例如網站伺服器）以實現備援性。但是，這不是需要在叢集中複製一組 Pod 的唯一原因。另一個原因是在每個 node 上調度一個 Pod。一般來說，將 Pod 複製到每個 node 的原因，是在每個 node 上放某種 agent 或常駐程式，而在 Kubernetes 物件中，可以實現這個目的是 DaemonSet。

DaemonSet 會確保每一個 Pod 的副本在每一個 node 之中運行。DaemonSet 用於部署系統常駐程式（例如：日誌收集器和監控 agent），這些常駐程式通常必須在每一個 node 上運行。DaemonSet 與 ReplicaSet 有類似的功能，都會建立長期運行的 Pod，並確保預期的狀態和叢集的目前狀態符合。

考慮到 DaemonSet 和 ReplicaSet 之間很相似，這時了解何時用哪一種變得很重要。當應用程式與 node 完全去耦合時，應使用 ReplicaSet，並且可以在某個 node 上運行多個副本，而不用特別考慮其他狀況。當應用程式的單一副本必須在叢集中的所有或部分 node 上運行時，應該就使用 DaemonSet。

通常不應該使用調度限制或其他參數來確保 Pod 不在同一個節點上。如果希望每個 node 只要有一個 Pod，那麼 DaemonSet 是正確的選擇。同樣地，如果發現自己建立了一個相同的副本來提供用戶流量，那麼 ReplicaSet 就是正確的選擇。

DaemonSet 調度器

預設情況下，除非使用 node 選擇器，否則 DaemonSet 會在每個 node 上建立 Pod 的副本，而使用 node 選擇器的話，只有符合條件的 node 才會建立。DaemonSet 透過 Pod 規格內的 nodeName 欄位，來判斷 Pod 將在哪個 node 上運行。如此一來，經由 DaemonSet 所建立的 Pod 將不會被 Kubernetes 的調度器列入排程中。

與 ReplicaSet 一樣，DaemonSet 藉由調節控制迴圈管理，調節迴圈透過目前狀態（某個 node 上是否存在 Pod）來量測預期狀態（Pod 都有在所有節點上）。根據這些資訊，DaemonSet 控制器會為那些沒有匹配 Pod 的 node 建立一個 Pod。

如果將新 node 加入到叢集中，當 DaemonSet 控制器發現這個新 node 時，會將 Pod 加到新 node 中。

> DaemonSet 和 ReplicaSet 是 Kubernetes 去耦合架構的絕佳證明。正確的設計模式似乎是 ReplicaSet 擁有它所管理的 Pod，並且將 Pod 視為 ReplicaSet 的子資源。同樣地，由 DaemonSet 管理的 Pod，也該是 DaemonSet 的子資源。但是這種封裝方式，需要工具將 Pod 的資訊同時寫入到 DaemonSet 和 ReplicaSet。相反的，在 Kurbernetes 使用去耦合的方式中，Pod 屬於最高層級的物件。這意味著在 ReplicaSet 上所學習到的每個工具（例如：kubectl logs <pod- 名稱 >）同樣適用於由 DaemonSet 建立的 Pod。

建立 DaemonSet

透過向 Kubernetes API 伺服器提交一個 DaemonSet 配置來建立 DaemonSet。以下的 DaemonSet 會在叢集中每個 node 上，建立一個 fluentd 的日誌 agent（範例 9-1）。

範例 9-1：fluentd.yaml

```yaml
apiVersion: extensions/v1beta1
kind: DaemonSet
metadata:
  name: fluentd
  namespace: kube-system
  labels:
    app: fluentd
spec:
  template:
    metadata:
      labels:
        app: fluentd
    spec:
      containers:
      - name: fluentd
        image: fluent/fluentd:v0.14.10
        resources:
          limits:
            memory: 200Mi
          requests:
            cpu: 100m
            memory: 200Mi
        volumeMounts:
        - name: varlog
          mountPath: /var/log
        - name: varlibdockercontainers
          mountPath: /var/lib/docker/containers
          readOnly: true
      terminationGracePeriodSeconds: 30
      volumes:
      - name: varlog
        hostPath:
          path: /var/log
      - name: varlibdockercontainers
        hostPath:
          path: /var/lib/docker/containers
```

在同一個 Kubernetes namespace 中，所有 DaemonSet 都需要一個唯一的名稱。每個 DaemonSet，都必須包含一個 Pod 模板規格，這個規格用來建立 Pod。這就是 ReplicaSet 與 DaemonSet 相似的地方。與 ReplicaSet 不同的地方，除非使用 node 選擇器，否則 DaemonSet 將預設在每個 node 上建立 Pod。

一旦有了有效的 DaemonSet 配置，就可以使用 kubectl apply 指令將 DaemonSet 提交給 Kubernetes API。在本章節中，我們將建立一個 DaemonSet，來確保叢集中的每個 node 上都運行 fluentd 的 HTTP 伺服器：

```
$ kubectl apply -f fluentd.yaml
daemonset "fluentd" created
```

一旦 fluentd 的 DaemonSet 成功提交給 Kubernetes API，就可以使用 kubectl describe 指令，查詢目前狀態：

```
$ kubectl describe daemonset fluentd
Name:           fluentd
Image(s):       fluent/fluentd:v0.14.10
Selector:       app=fluentd
Node-Selector:  <none>
Labels:         app=fluentd
Desired Number of Nodes Scheduled: 3
Current Number of Nodes Scheduled: 3
Number of Nodes Misscheduled: 0
Pods Status:    3 Running / 0 Waiting / 0 Succeeded / 0 Failed
```

這個輸出表示 fluentd Pod 已經成功部署到叢集中的三個 node 裡。可以用 kubectl get pods 指令，加上 -o 旗標來驗證，以輸出每個 fluentd Pod 分配的 node：

```
$ kubectl get pods -o wide

NAME          AGE    NODE
fluentd-1q6c6 13m    k0-default-pool-35609c18-z7tb
fluentd-mwi7h 13m    k0-default-pool-35609c18-ydae
fluentd-zr6l7 13m    k0-default-pool-35609c18-pol3
```

使用 fluentd DaemonSet 時，向叢集新增新的 node 時會自動將一個 fluentd 的 Pod 部署到該 node 中：

```
$ kubectl get pods -o wide
NAME                AGE     NODE
fluentd-1q6c6       13m     k0-default-pool-35609c18-z7tb
fluentd-mwi7h       13m     k0-default-pool-35609c18-ydae
fluentd-oipmq       43s     k0-default-pool-35609c18-0xnl
fluentd-zr6l7       13m     k0-default-pool-35609c18-pol3
```

這正是我們在管理日誌常駐程式和其他叢集服務時所需要的。我們不需要處理任何的動作。這就是 Kubernetes DaemonSet 控制器如何使目前狀態與所期望的狀態一致。

限制 DaemonSet 在某些 Node

DaemonSet 最常見的應用例子，是在 Kubernetes 叢集的每個 node 運行一個 Pod。但是在某些情況下，只想將 Pod 部署到部分的 node。例如，某些任務只能在有 GPU 或可以存取快速儲存空間的 node 中運行。Node label 可以用來標記符合工作負載需求的 node，以應付需要特定 node 的情況。

新增 Label 到 Node

限制 DaemonSet 到某些節點的第一步，是將所需的一組 label 加入到部分的 node 中。這可以使用 kubectl label 指令來完成。

以下指令將 ssd = true 標籤加入到某個 node 中：

```
$ kubectl label nodes k0-default-pool-35609c18-z7tb ssd=true
node "k0-default-pool-35609c18-z7tb" labeled
```

就像使用其他 Kubernetes 資源一樣，沒有指定 label 選擇器，將會回傳所有叢集中的 node：

```
$ kubectl get nodes
NAME                          STATUS    AGE
k0-default-pool-35609c18-0xnl  Ready     23m
k0-default-pool-35609c18-pol3  Ready     1d
k0-default-pool-35609c18-ydae  Ready     1d
k0-default-pool-35609c18-z7tb  Ready     1d
```

使用 label 選擇器，可以根據 label 篩選 node。只要列出 label ssd 為 true 的 node，可以使用 kubectl get nodes 指令搭配 --selector 旗標：

```
$ kubectl get nodes --selector ssd=true
NAME                          STATUS    AGE
k0-default-pool-35609c18-z7tb  Ready     1d
```

Node 選擇器

node 選擇器，可用於限制 Pod 在某些的 node 可以運行。建立 DaemonSet 時，node 選擇器被定義為 Pod 規格的一部分。以下 DaemonSet 的配置，將 nginx 限制在 label 具有 ssd = true 的 node 上運行（範例 9-2）。

範例 9-2：*nginx-fast-storage.yaml*

```
apiVersion: extensions/v1beta1
kind: "DaemonSet"
metadata:
  labels:
    app: nginx
    ssd: "true"
  name: nginx-fast-storage
spec:
  template:
    metadata:
      labels:
        app: nginx
        ssd: "true"
```

```
spec:
  nodeSelector:
    ssd: "true"
  containers:
    - name: nginx
      image: nginx:1.10.0
```

讓我們看看，在將 `nginx-fast-storage` 的 DaemonSet 提交給 Kubernetes API 時，
會發生什麼事：

```
$ kubectl apply -f nginx-fast-storage.yaml
daemonset "nginx-fast-storage" created
```

因為只有一個 node 具有 `ssd = true` 的 label，所以 `nginx-fast-storage` Pod，只能
在那個 node 上運行：

```
$ kubectl get pods -o wide
NAME                        STATUS     NODE
nginx-fast-storage-7b90t    Running    k0-default-pool-35609c18-z7tb
```

將 `ssd = true` 的 label 加入到其他 node，會讓這些 node 也部署 `nginx-fast-storage`
Pod。反過來也是如此：如果從 node 中，移除了所需的 label，那麼其中的 Pod 也會
被 DaemonSet 控制器所刪除。

 從 DaemonSet 的 node 選擇器所需的 node 移除 label，會導致由該
DaemonSet 管理的 Pod 從 node 中被刪除。

更新 DaemonSet

DaemonSet 非常適合在整個叢集中部署服務，那麼升級呢？在 Kubernetes 1.6 之
前，更新由 DaemonSet 管理的 Pod 的唯一方法是更新 DaemonSet，然後手動刪除由
DaemonSet 管理的每個 Pod，讓它能夠利用新的配置重新建立 Pod。隨著 Kubernetes
1.6 的發布，DaemonSet 也與 `Deployment` 物件一樣擁有在叢集內 rollout 的功能。

透過刪除各別 Pod 來更新 DaemonSet

如果你使用的 Kubernetes 是 1.6 更早以前的版本，可以在本機利用 for 迴圈，每 60
秒進行一次滾動式刪除並更新 DaemonSet 所管理的 Pod：

```
PODS=$(kubectl get pods -o jsonpath -template='{.items[*].metadata.name}'
for x in $PODS; do
  kubectl delete pods ${x}
  sleep 60
done
```

另一種更簡單的方法是刪除整個 DaemonSet，並使用更新後的組態建立一個全新的
DaemonSet。但是，這樣的方法有一個主要的缺點──停機。當 DaemonSet 被刪除
時，該 DaemonSet 所管理的全部 Pod 也會一同被刪除。根據容器映像檔的大小，重
新建立 DaemonSet 可能讓你的 SLA 降到標準門檻之下，所以在更新 DaemonSet 之
前，或許值得考慮將準備更新的容器映像檔先拉到整個叢集中預備好。

DaemonSet 的滾動更新

在 Kubernetes 1.6，現在可以利用 Deployment 所使用的滾動更新策略來 rollout
DaemonSet。由於向下兼容性的原因，目前的預設更新策略是上一節中所述的刪除
方法。要設定 DaemonSet 可以使用滾動更新策略，需要使用 spec.updateStrategy.
type 欄位來設定更新策略。這個欄位的值應該是 RollingUpdate。當 DaemonSet 是
RollingUpdate 更新策略時，在 DaemonSet 中的 spec.template 欄位（或子欄位），
有任何更改都將啟動滾動更新。

與 Deployment 的滾動更新一樣（請參閱第 12 章），滾動更新策略逐步地更新
DaemonSet 的 Pod，直到所有的 Pod 都運行新的配置。控制 DaemonSet 的滾動更新
有兩個參數：

- spec.minreadyseconds，意指在決定升級下一個 Pod 之前，這一個 Pod「ready
  （準備就緒）」的時間

- `spec.updateStrategy.rollingUpdate.maxUnavailable`，它表示可以同時滾動更新多少個 Pod

您可以為 `spec.minReadySeconds` 設定一個相當久的值（例如：30-60 秒），以確保 Pod 在 rollout 之後是真正健康的。

而 `spec.updateStrategy.rollingUpdate.maxUnavailable` 的設定，取決於應用程式。將其設定為 1 是個安全且通用的策略，但是也需要一段時間才能 rollout 完畢（node 數 ×`maxReadySeconds`）。增加最大不可用（maximum unavailability）的數值，可以將 rollout 速度變得更快，但會增加 rollout 失敗的「影響範圍」。應用程式和叢集環境的特點，決定了速度與安全性的相對值。一個好的方法可能是將 `maxUnavailable` 設為 1，在用戶或管理員抱怨 DaemonSet 的 rollout 速度時才增加它。

當滾動更新開始，可以使用 `kubectl rollout` 指令，查看 DaemonSet rollout 的目前狀態。

例如，`kubectl rollout status daemonSets my-daemon-set`，會顯示名為 `my-daemon-set` 的 DaemonSet 的目前 rollout 狀態。

刪除 DaemonSet

使用 `kubectl delete` 指令刪除一個 DaemonSet 非常簡單。只要確保需要刪除的 DaemonSet 的正確名稱，或是用以下指令透過剛剛建立的 manifest 檔移除 DaemonSet：

```
$ kubectl delete -f fluentd.yaml
```

刪除 DaemonSet 也會刪除該 DaemonSet 管理的所有 Pod。利用 --cascade 旗標設為 false，以確保只有 DaemonSet 被刪除，而不是 Pod。

總結

DaemonSet 提供一個好用的抽象模組，用於在每個 node 上運行一組 Pod，或者如果情況需要，在基於 label 篩選出的 node 上運行一組 Pod。它提供了自己的控制器和調度器，以確保像是監控 agent 這種關鍵服務始終在叢集中正確的 node 上運行。

對於某些應用程式，只需要安排一定數量的 replica；只要有足夠的資源和分配來運作，並不用關心它們在哪裡運行。但是，有些應用程式（例如：agent 和監控應用程式），需要在叢集中的每台機器上都能運行。這些 DaemonSet 並不是傳統的服務應用程式，而是為 Kubernetes 叢集本身新增額外的功能和特性。由於 DaemonSet 是控制器所管理的主動宣告式物件，這使得 agent 可以透過 DaemonSet 便輕易地運行在每台機器上。這在自動擴展的 Kubernetes 叢集下特別有用，node 無須用戶動手介入便可以不斷縮放。在這種情況下，DaemonSet 會自動將適當的 agent 加入到每個 node，因為它是由自動縮放器加入到叢集中的。

## 第十章

Job

到目前為止，我們專注於長時間執行的程序，如資料庫和網站應用程式。這類型的程序會持續運行，直到升級或不再需要該服務時才會中止。雖然長時間運行的程序在 Kubernetes 叢集中佔了絕大部分，但通常也需要執行短暫且一次性的任務。Job 物件就用於處理這類型的任務。

一個 Job 建立一組 Pod，直到成功才結束（也就是說，回傳 0 的退出狀態碼）。相對的來說，一般的 Pod 不管它的退出狀態碼是什麼，都會不斷地重啟。Job 對於你只想做一次的事情很有用，例如資料庫移轉或批次處理作業。如果以一般 Pod 的形式運行，那麼你的資料庫移轉任務將會循環執行，在每次退出後資料會不斷重新寫入資料庫。

在本章中，我們將探討 Kubernetes 最常見的 Job 模式。也在實際情境下使用這些模式。

Job 物件

Job 物件負責建立和管理在 Job 規格裡所定義模板中的 Pod。這些 Pod 運行直到回傳成功為止。Job 物件會平行且協調運行多個 Pod。

如果 Pod 在成功結束之前出錯，此時 Job 控制器會根據 Job 規格中的 Pod 模板再建立一個新的 Pod。由於新的 Pod 必須進入調度等待運行，如果調度器找不到需要的資源，就有可能無法執行你的 Job。此外，由於分散式系統的特性，在某些故障情況下，會有機會為特定工作建立重複的 Pod。

Job 的模式

Job 設計來管理批次處理類型的工作負載，而工作負載由一個或多個 Pod 處理。預設情況下，每個 Job 都會運行一個 Pod 直到成功終止。Job 模式由 Job 的兩個主要屬性定義，即 Job 完成的數量與平行運行的 Pod 數量。在「運行一次直到完成」模式下，completions 與 parallelism 參數設置為 1。

表 10-1 透過基於 completions 與 parallelism 組合的 Job 配置來突顯 Job 模式。

表 10-1　Job 模式

類型	使用情境	行為	completions	parallelism
一次性 （One shot）	資料庫轉移	一個單獨的 Pod 執行一次，直到成功結束	1	1
固定完成次數的平行工作 （Parallel fixed completions）	多個 Pod 平行工作	一個或多個 Pod 執行一次或多次，直到達到固定的完成次數	1+	1+
工作序列： 平行工作	從集中式工作隊列透過多個 Pod 處理	一個或多個 Job 執行一次，直到成功終止	1	2+

一次性

一次性 Job 提供一種運行單個 Pod 直到成功退出的方法。雖然這感覺起來是簡單的事，但它還有其他的任務要做。首先，必須建立 Pod 並將其提交給 Kubernetes API。這透過 Job 配置中所定義的 Pod 模板來完成。一旦 Job 啟動並運行後，必須監控 Job 所使用的 Pod 直到成功結束。Job 可能有很多原因而失敗，包括應用程式錯誤、運行時未捕捉的例外或 Job 快成功前的節點故障。在任何情況下，Job 控制器會負責重新建立 Pod，直到成功的結束。

在 Kubernetes 中建立一次性 Job 有多種方法。最簡單的方法是使用 kubectl 命令行工具：

```
$ kubectl run -i oneshot \
  --image=gcr.io/kuar-demo/kuard-amd64:1 \
  --restart=OnFailure \
  -- --keygen-enable \
    --keygen-exit-on-complete \
    --keygen-num-to-gen 10

...
(ID 0) Workload starting
(ID 0 1/10) Item done: SHA256:nAsUsG54XoKRkJwyN+OShkUPKew3mwq7OCc
(ID 0 2/10) Item done: SHA256:HVKX1ANns6SgF/er1lyo+ZCdnB8geFGt0/8
(ID 0 3/10) Item done: SHA256:irjCLRov3mTT0P0JfsvUyhKRQ1TdGR8H1jg
(ID 0 4/10) Item done: SHA256:nbQAIVY/yrhmEGk3Ui2sAHuxb/o6mYO0qRk
(ID 0 5/10) Item done: SHA256:CCpBoXNlXOMQvR2v38yqimXGAa/w2Tym+aI
(ID 0 6/10) Item done: SHA256:wEY2TTIDz4ATjcr1iimxavCzZzNjRmbOQp8
(ID 0 7/10) Item done: SHA256:t3JSrCt7sQweBgqG5CrbMoBulwk4lfDWiTI
(ID 0 8/10) Item done: SHA256:E84/Vze7KKyjCh9OZh02MkXJGoty9PhaCec
(ID 0 9/10) Item done: SHA256:UOmYex79qqbI1MhcIfG4hDnGKonlsij2k3s
(ID 0 10/10) Item done: SHA256:WCR8wIGOFag84Bsa8f/9QHuKqF+0mEnCADY
(ID 0) Workload exiting
```

有一些事情要注意：

- kubectl 的 -i 選項表示這是一個互動式指令。kubectl 會一直等到 Job 開始運行，然後顯示從 Job 中第一個 Pod 輸出的日誌（只有在互動式指令的情況之下）。

- 當 kubectl 要建立一個 Job 物件時，--restart=OnFailure 選項會傳遞給它。

- 在 -- 之後的所有選項都是容器映像檔的命令行參數。這些指示我們的測試服務器（kuard）產生 10 個 4096 位元的 SSH 密鑰，然後退出。

- 你的輸出可能跟範例會不一樣。使用 -i 選項時，kubectl 經常會忽略輸出的前幾行。

Job 完成後，Job 物件和相關的 Pod 仍然還在，你可以輸出日誌。請注意，除非你傳遞 -a 旗標，否則當使用 kubectl 列出 Job 時，此 Job 並不會出現。沒有這個旗標的話，kubectl 會隱藏已完成的 Job。在繼續之前先刪除 Job：

```
$ kubectl delete jobs oneshot
```

建立一次性 Job 的另一個方法是使用配置文件，如範例 10-1 所示。

範例 *10-1：job-oneshot.yaml*

```
apiVersion: batch/v1
kind: Job
metadata:
  name: oneshot
  labels:
    chapter: jobs
spec:
  template:
    metadata:
      labels:
        chapter: jobs
    spec:
      containers:
      - name: kuard
        image: gcr.io/kuar-demo/kuard-amd64:1
        imagePullPolicy: Always
        args:
        - "--keygen-enable"
        - "--keygen-exit-on-complete"
        - "--keygen-num-to-gen=10"
      restartPolicy: OnFailure
```

透過 kubectl apply 命令提交 Job：

```
$ kubectl apply -f job-oneshot.yaml
job "oneshot" created
```

然後透過 describe 指令，查詢 oneshot Job：

```
$ kubectl describe jobs oneshot

Name:              oneshot
Namespace:         default
Image(s):          gcr.io/kuar-demo/kuard-amd64:1
Selector:          controller-uid=cf87484b-e664-11e6-8222-42010a8a007b
Parallelism:       1
Completions:       1
Start Time:        Sun, 29 Jan 2017 12:52:13 -0800
Labels:            Job=oneshot
Pods Statuses:     0 Running / 1 Succeeded / 0 Failed
No volumes.
Events:
   ... Reason           Message
   ... ------           -------
   ... SuccessfulCreate  Created pod: oneshot-4kfdt
```

你可以透過查看已經建立的 Pod 日誌來觀察 Job 的運行結果：

```
$ kubectl logs oneshot-4kfdt

...
Serving on :8080
(ID 0) Workload starting
(ID 0 1/10) Item done: SHA256:+r6b4W81DbEjxMcD3LHjU+EIGnLEzbpxITKn8IqhkPI
(ID 0 2/10) Item done: SHA256:mzHewajaY1KA8VluSLOnNMk9fDE5zdn7vvBS5Ne8AxM
(ID 0 3/10) Item done: SHA256:TRtEQHfflJmwkqnNyGgQm/IvXNykSBIg8c03h0g3onE
(ID 0 4/10) Item done: SHA256:tSwPYH/J347il/mgqTxRRdeZcOazEtgZlA8A3/HWbro
(ID 0 5/10) Item done: SHA256:IP8XtguJ6GbWwLHqjKecVfdS96B17nnO21I/TNc1j9k
(ID 0 6/10) Item done: SHA256:ZfNxdQvuST/6ZzEVkyxdRG98p73c/5TM99SEbPeRWfc
(ID 0 7/10) Item done: SHA256:tH+CNl/IUl/HUuKdMsq2XEmDQ8oAvmhMO6Iwj8ZEOj0
(ID 0 8/10) Item done: SHA256:3GfsUaALVEHQcGNLBOu4Qd1zqqqJ8j738i5r+I5XwVI
```

```
(ID 0 9/10) Item done: SHA256:5wV4L/xEiHSJXwLUT2fHf0SCKM2g3XH3sVtNbgskCXw
(ID 0 10/10) Item done: SHA256:bPqqOonwSbjzLqe9ZuVRmZkz+DBjaNTZ9HwmQhbdWLI
(ID 0) Workload exiting
```

恭喜，你的 Job 已經成功執行了！

 你可能已經注意到，我們在建立 Job 物件時沒有指定任何 label。與透過 label 識別每一組 Pod 的其他控制器一樣（DaemonSet、ReplicaSet、 Deployment 等），如果 Pod 在不同的物件中被重複使用，則可能會發生意外行為。

因為 Job 的開始和結束時間點都是有限的，所以使用者常常建立很多 Job。這使得選擇獨特的 label 變得更困難且重要。因此，Job 物件會自動選擇一個獨特的 label，並用它來標識該 Job 所建立的 Pod。在進階的使用情境下（例如：更改正在運行的 Job，但不殺掉其管理中的 Pod），使用者可以選擇關閉此自動行為，並透過手動指定 label 和選擇器。

Pod 的故障處理

我們剛剛看到一個 Job 如何成功完成。但是如果失敗了會發生什麼？讓我們試試看看會發生什麼。

在配置檔中修改 kuard 的參數，使它在生成三個密鑰後，以非 0 的退出狀態碼失敗，如範例 10-2 所示。

範例 *10-2：job-oneshot-failure1.yaml*

```
...
spec:
  template:
    spec:
      containers:
        ...
        args:
```

```
        - "--keygen-enable"
        - "--keygen-exit-on-complete"
        - "--keygen-exit-code=1"
        - "--keygen-num-to-gen=3"
    ...
```

現在執行 kubectl apply -f jobs-oneshot-failure1.yaml 來運行它。讓它運行一下，然後看看 Pod 的狀態：

```
$ kubectl get pod -a -l job-name=oneshot

NAME            READY       STATUS              RESTARTS    AGE
oneshot-3ddk0   0/1         CrashLoopBackOff    4           3m
```

在這裡我們看到同一個 Pod 已經重啟了四次。Kubernetes 表示這個 Pod 正在 CrashLoop BackOff 的狀態下。程式一啟動就崩潰，這樣的程式錯誤是很常見的。在這樣的情況下，Kubernetes 會在重新啟動 Pod 之前等待一陣子，以避免故障循環耗盡節點資源。這一切都是由 kubelet 在 node 本地處理的，完全與 Job 無關。

讓我們刪掉 Job（kubectl delete jobs oneshot），然後嘗試點別的。再次修改配置檔，把 restartPolicy 從 OnFailure 改為 Never。執行 kubectl apply -f jobs-oneshot-failure2.yaml 來運行 Job。

如果我們讓它運行一陣子，然後查看相關的 Pod，我們會發現一些有趣的東西：

```
$ kubectl get pod -l job-name=oneshot -a

NAME            READY       STATUS      RESTARTS    AGE oneshot-0wm49   0/1
Error       0           1m oneshot-6h9s2   0/1         Error       0           39s
oneshot-hkzw0   1/1         Running     0           6s oneshot-k5swz   0/1
Error       0           28s oneshot-m1rdw   0/1         Error       0           19s
oneshot-x157b   0/1         Error       0           57s
```

我們可以看到已經有多個 Pod 出現錯誤了。設定 restartPolicy: Never，讓 kubelet 在 Pod 發生錯誤時不重啟，而只是宣告 Pod 為失敗。Job 物件察覺後建立一個替換的 Pod。不小心的話，這會在你的叢集中產生很多「垃圾」。因此，建議你使用 restartPolicy: OnFailure，這樣可以讓故障的 Pod 重啟。

執行 kubectl delete jobs oneshot，以刪除 Job。

到目前為止，看到一個程式故障的狀況是跳出程式時會回傳非 0 的退出狀態碼。但 worker 也有可能會以其他方式故障。具體來說，它們可能會卡住導致沒有任何進度。為了解決這種情況，可以在 Job 中使用 liveness 探測器。如果 liveness 探測器的策略，確認 Pod 已經失效了，它將會幫你重啟或置換 Job。

平行處理

產生密鑰的工作可能會很慢。讓我們同時啟動一群 worker 來加速密鑰生產。我們將會同時使用 completions 和 parallelism 參數。目標是透過每次產生 10 個密鑰，執行 10 次，讓 kuard 產生共 100 個密鑰。但是我們不想讓叢集忙得不可開交，所以我們將會限制一次只能有五個 Pod 工作。

這意思是說要把 completions 設為 10，parallelism 設為 5。設定方式的檔案於範例 10-2。

範例 10-3：*job-parallel.yaml*

```
apiVersion: batch/v1
kind: Job
metadata:
  name: parallel
  labels:
    chapter: jobs
spec:
  parallelism: 5
  completions: 10
  template:
```

```
  metadata:
    labels:
      chapter: jobs
  spec:
    containers:
    - name: kuard
      image: gcr.io/kuar-demo/kuard-amd64:1
      imagePullPolicy: Always
      args:
      - "--keygen-enable"
      - "--keygen-exit-on-complete"
      - "--keygen-num-to-gen=10"
    restartPolicy: OnFailure
```

接下來執行它：

```
$ kubectl apply -f job-parallel.yaml
job "parallel" created
```

現在看著 Pod 出現，完成它們該做的事之後結束。新的 Pod 被建立，直到 10 個
Pod 都執行完後，才算是全部完成。在這裡我們可以使用 --watch 旗標，讓 kubectl
即時輸出變化的狀態：

```
$ kubectl get pods -w
NAME              READY    STATUS      RESTARTS   AGE
parallel-55tlv    1/1      Running     0          5s
parallel-5s7s9    1/1      Running     0          5s
parallel-jp7bj    1/1      Running     0          5s
parallel-lssmn    1/1      Running     0          5s
parallel-qxcxp    1/1      Running     0          5s
NAME              READY    STATUS         RESTARTS    AGE
parallel-jp7bj    0/1      Completed      0           26s
parallel-tzp9n    0/1      Pending        0           0s
parallel-tzp9n    0/1      Pending        0           0s
parallel-tzp9n    0/1      ContainerCreating  0           1s
parallel-tzp9n    1/1      Running        0           1s
parallel-tzp9n    0/1      Completed      0           48s
parallel-x1kmr    0/1      Pending        0           0s
parallel-x1kmr    0/1      Pending        0           0s
```

```
parallel-x1kmr    0/1    ContainerCreating    0         0s
parallel-x1kmr    1/1    Running      0       1s
parallel-5s7s9    0/1    Completed      0        1m
parallel-tprfj    0/1    Pending      0       0s
parallel-tprfj    0/1    Pending      0       0s
parallel-tprfj    0/1    ContainerCreating    0         0s
parallel-tprfj    1/1    Running      0       2s
parallel-x1kmr    0/1    Completed      0        52s
parallel-bgvz5    0/1    Pending      0       0s
parallel-bgvz5    0/1    Pending      0       0s
parallel-bgvz5    0/1    ContainerCreating    0         0s
parallel-bgvz5    1/1    Running      0       2s
parallel-qxcxp    0/1    Completed      0        2m
parallel-xplw2    0/1    Pending      0       1s
parallel-xplw2    0/1    Pending      0       1s
parallel-xplw2    0/1    ContainerCreating    0         1s
parallel-xplw2    1/1    Running      0       3s
parallel-bgvz5    0/1    Completed      0        40s
parallel-55tlv    0/1    Completed      0        2m
parallel-lssmn    0/1    Completed      0        2m
```

可以任意查看其中一個已經完成的 Job，並在日誌中查看產生的公開密鑰指紋。可以利用 kubectl delete job parallel，刪除已完成的 Job 物件。

工作佇列（Work Queue）

Job 的常見使用場景是從工作佇列中處理工作。在這種情況下，某些任務會建立大量工作項目，並將其發布到工作佇列中。運行 Job 來處理工作佇列中的工作項目，直到工作佇列變成空的為止（圖 10-1）。

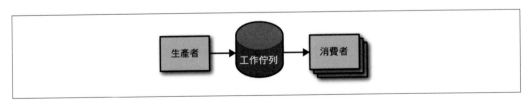

圖 10-1　平行 Job

開始一個工作佇列

首先啟動一個中心化的工作佇列服務。kuard 內建了一個基於記憶體的工作佇列系統。我們將啟動一個 kuard 執行個體，做為所有工作的協調器。

建立一個簡單的 ReplicaSet，來管理獨立工作佇列常駐程式。確保就算遇到機器故障時，新的 Pod 會被建立，如範例 10-4 所示。

範例 10-4：rs-queue.yaml

```
apiVersion: extensions/v1beta1
kind: ReplicaSet
metadata:
  labels:
    app: work-queue
    component: queue
    chapter: jobs
  name: queue
spec:
  replicas: 1
  template:
    metadata:
      labels:
        app: work-queue
        component: queue
        chapter: jobs
    spec:
      containers:
      - name: queue
        image: "gcr.io/kuar-demo/kuard-amd64:1"
        imagePullPolicy: Always
```

使用以下指令運行工作佇列：

```
$ kubectl apply -f rs-queue.yaml
```

此時，工作佇列常駐程式應該啟動並正常運行了。使用連接埠轉發連結，讓這個指令在終端視窗中運行：

```
$ QUEUE_POD=$(kubectl get pods -l app=work-queue,component=queue \
   -o jsonpath='{.items[0].metadata.name}')
$ kubectl port-forward $QUEUE_POD 8080:8080
Forwarding from 127.0.0.1:8080 -> 8080
Forwarding from [::1]:8080 -> 8080
```

你可以打開瀏覽器，進入 *http://localhost:8080*，查看 kuard 介面。切換到「MemQ Server」分頁，注意正在發生什麼事情。

使用工作佇列服務器的話，我們應該透過 service 來暴露它。這讓生產者和消費者可以透過 DNS 輕鬆找到工作佇列，如範例 10-5 所示。

範例 *10-5*：*service-queue.yaml*

```
apiVersion: v1
kind: Service
metadata:
  labels:
    app: work-queue
    component: queue
    chapter: jobs
  name: queue
spec:
  ports:
  - port: 8080
    protocol: TCP
    targetPort: 8080
  selector:
    app: work-queue
    component: queue
```

使用 kubectl 建立佇列服務：

```
$ kubectl apply -f service-queue.yaml
service "queue" created
```

載入佇列

我們現在準備把一堆工作項目放在佇列中。為了簡單明瞭，我們將使用 curl 來呼叫工作佇列服務器的 API，並插入一堆工作項目。curl 會透過我們之前設置的 kubectl port-forward 與工作佇列溝通，如範例 10-6 所示。

範例 *10-6*：*load-queue.sh*

```
# 建立「keygen」的工作佇列
curl -X PUT localhost:8080/memq/server/queues/keygen

# 載入 100 個工作項目到佇列
for i in work-item-{0..99}; do
  curl -X POST localhost:8080/memq/server/queues/keygen/enqueue \
    -d "$i"
done
```

執行這些指令，你應該看到 100 個 JSON 物件，輸出到你的終端畫面上，而且每個工作項目都帶有唯一的訊息識別碼。可以透過查看「MemQ Server」頁面來確認佇列的狀態，也可以執行以下指令直接從工作佇列的 API 取得狀態：

```
$ curl 127.0.0.1:8080/memq/server/stats
{
    "kind": "stats",
    "queues": [
        {
            "depth": 100,
            "dequeued": 0,
            "drained": 0,
            "enqueued": 100,
            "name": "keygen"
        }
    ]
}
```

現在我們準備啟動一個 Job 來消化工作佇列中的工作項目。

建立消化工作佇列的 Job

事情開始變得有趣了！因為 kuard 也能夠在消費者模式下工作。我們在這裡將它設置為每次從工作佇列中取出一個工作項目，且建立一個密鑰，然後在佇列為空時退出，如範例 10-7 所示。

範例 10-7：job-consumers.yaml

```yaml
apiVersion: batch/v1
kind: Job
metadata:
  labels:
    app: message-queue
    component: consumer
    chapter: jobs
  name: consumers
spec:
  parallelism: 5
  template:
    metadata:
      labels:
        app: message-queue
        component: consumer
        chapter: jobs
    spec:
      containers:
      - name: worker
        image: "gcr.io/kuar-demo/kuard-amd64:1"
        imagePullPolicy: Always
        args:
        - "--keygen-enable"
        - "--keygen-exit-on-complete"
        - "--keygen-memq-server=http://queue:8080/memq/server"
        - "--keygen-memq-queue=keygen"
      restartPolicy: OnFailure
```

我們讓 Job 同時啟動 5 個 Pod 來平行消化這些工作項目。由於 completions 參數並未設置，因此我們將 Job 預設為 worker pool 模式。一旦第一個 Pod 正常結束退出後，Job 會開始減少 Pod 的數量，並且將不會再建立新的 Pod。這意味著直到工作項目都被完成之前，所有的 worker 都要一起幫忙處理，沒有一個 worker 可以提早結束運行。

透過以下指令建立 consumers Job：

```
$ kubectl apply -f job-consumers.yaml
job "consumers" created
```

當 Job 建立完成後，你可以透過以下指令查看正在作業的 Pod：

```
$ kubectl get pods
NAME              READY    STATUS     RESTARTS    AGE
queue-43s87       1/1      Running    0           5m
consumers-6wjxc   1/1      Running    0           2m
consumers-7l5mh   1/1      Running    0           2m
consumers-hvz42   1/1      Running    0           2m
consumers-pc8hr   1/1      Running    0           2m
consumers-w20cc   1/1      Running    0           2m
```

注意到有五個 Pod 正在平行運行著。這些 Pod 將會持續運行，直到工作佇列內沒有任何工作項目。你可以在工作佇列服務器上的 UI 中查看。隨著佇列被清空後，消費者的 Pod 將會完全結束，而 consumers 的 Job 才會被視為完成。

清除

透過 label，我們可以清除在本章節建立的所有東西：

```
$ kubectl delete rs,svc,job -l chapter=jobs
```

總結

在單叢集上，Kubernetes 可以處理長期運行的工作負載（如網站應用程式）和短期工作負載（如批次作業）。Job 抽象概念允許你塑造不同的批次作業模式，不管是簡單的一次性任務，或者是多個工作同時平行處理多個項目，直到所有項目被完成為止。

Job 是低階的元素，可以被直接用於簡單的工作負載。不過 Kubernetes 是從基礎開始構築起來的，因此可以被更高階的物件延伸。Job 當然也不例外，它可以很輕易地被更高階的編排系統用來承擔更複雜的任務。

第十一章

ConfigMap 和 Secret

在實務上良好的做法是將容器映像檔盡可能地重複使用。相同的映像檔應該要能在開發、準生產（staging）和生產環境上使用。如果同一個映像檔的通用性足以跨越不同應用程式和服務使用則是再好不過。如果需要為每個新環境重新建立映像檔，測試和版本控制將會變得更具風險和複雜。但是我們該如何在不同的運行環境中使用同一個映像檔？

這時候 ConfigMap 和 secret 就起作用了。ConfigMap 用來提供配置資訊給予工作負載使用。這可以是細粒度的資訊（一個短字串）或是儲存於檔案格式中的複合資料。Secret 與 ConfigMap 很類似，但專注於為工作負載提供敏感資訊。可以用於身分驗證資訊或 TLS 證書等內容。

ConfigMap

可以把 ConfigMap 想像成透過 Kubernetes 物件定義的小型檔案系統。或者可以說它是一組變數，讓你的容器在定義環境或是執行命令列時使用。關鍵點在於 Pod 運行之前，就能搭配 ConfigMap 一起使用。這表示只需更改所使用的 ConfigMap，容器映像檔和 Pod 本身就可以在許多應用程式中重複使用。

建立 ConfigMap

那就讓我們開始建立 ConfigMap 吧。與 Kubernetes 中的大多數物件一樣，你可以透過命令列指令馬上建立這些物件，或者利用 manifest 檔建立。先從命令列指令開始。

首先，假設我們有個檔案在本機中（稱為 *my-config.txt*），我們希望讓 Pod 可以使用它，如範例 11-1 所示。

範例 *11-1*：*my-config.txt*

```
# 這是一個會在應用程式中使用的組態檔案
parameter1 = value1
parameter2 = value2
```

接下來，用這個檔案建立一個 ConfigMap。我們還會在這新增一些簡單的主鍵 / 值組。這些在命令列中稱為文字值：

```
$ kubectl create configmap my-config \
  --from-file=my-config.txt \
  --from-literal=extra-param=extra-value \
  --from-literal=another-param=another-value
```

我們剛剛建立的 ConfigMap 物件，相應的 YAML 檔如下：

```
$ kubectl get configmaps my-config -o yaml

apiVersion: v1
data:
  another-param: another-value
  extra-param: extra-value
  my-config.txt: |
    # 這是一個會在應用程式中使用的組態檔案
    parameter1 = value1
    parameter2 = value2
kind: ConfigMap
metadata:
  creationTimestamp: ...
```

```
name: my-config
namespace: default
resourceVersion: "13556"
selfLink: /api/v1/namespaces/default/configmaps/my-config
uid: 3641c553-f7de-11e6-98c9-06135271a273
```

正如你所看到的，ConfigMap 實際上只是存在物件中的一些主鍵／值組而已。當你試著使用 ConfigMap 時，會發生有趣的事情。

使用 ConfigMap

有三種主要的方式來使用 ConfigMap：

檔案系統

你可以將 ConfigMap 掛載到 Pod 中。每個項目會基於主鍵（key）名稱建立一個檔案。檔案的內容就是值（value）。

環境變數

ConfigMap 可以用來動態地設定環境變數的值（value）。

命令列參數

Kubernetes 支援基於 ConfigMap 動態組合出容器運行時的命令列指令。

讓我們綜合以上方法為 kuard 建立一個 manifest 檔，如範例 11-2 所示。

範例 11-2：*kuard-config.yaml*

```
apiVersion: v1
kind: Pod
metadata:
  name: kuard-config
spec:
  containers:
    - name: test-container
      image: gcr.io/kuar-demo/kuard-amd64:1
```

```
        imagePullPolicy: Always
        command:
          - "/kuard"
          - "$(EXTRA_PARAM)"
        env:
          - name: ANOTHER_PARAM
            valueFrom:
              configMapKeyRef:
                name: my-config
                key: another-param
          - name: EXTRA_PARAM
            valueFrom:
              configMapKeyRef:
                name: my-config
                key: extra-param
        volumeMounts:
          - name: config-volume
            mountPath: /config
    volumes:
      - name: config-volume
        configMap:
          name: my-config
    restartPolicy: Never
```

對於檔案系統的作法，我們在 Pod 內建立一個新的磁碟區，並且命名為 config-volume。然後我們將這個磁碟區定義為 ConfigMap 的磁碟區，並指向該 ConfigMap 進行掛載。我們還必須利用 volumeMount 欄位來指定該磁碟區掛載於 kuard 容器內的位置。這個範例中我們將它掛載在 /config。

如果是採用環境變數的話，則是由欄位 valueFrom 來指定。這會引用該 ConfigMap 以及它所蘊含的資料主鍵。

使用在命令行參數，則是透過環境變數傳入。Kubernetes 將使用 $(< 環境變數 >) 語法進行正確的參數替換。

運行這個 Pod，讓我們來看看應用程式如何看待這個世界：

```
$ kubectl apply -f kuard-config.yaml
$ kubectl port-forward kuard-config 8080
```

現在來看瀏覽器，進入 *http://localhost:8080*。可以看見如何使用三種不同方式，將組態值插入到程式中。

點擊左邊的「Server Env」分頁。這會顯示應用程式，隨著環境一起啟動的命令列，如圖 11-1 所示。

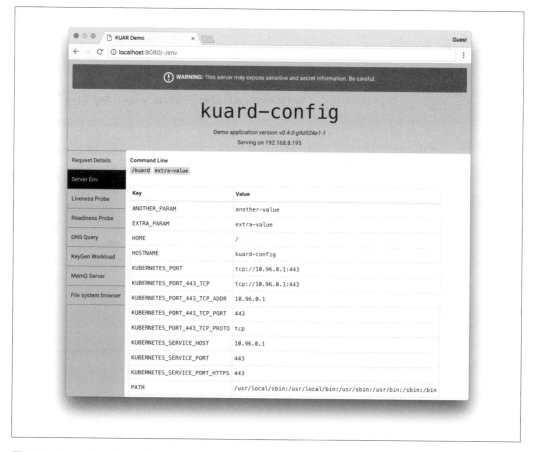

圖 11-1　kuard 的環境變數

在這裡可以看到我們新增的兩個環境變數（ANOTHER_PARAM 和 EXTRA_PARAM），它們的值都是透過 ConfigMap 所設定的。此外，我們根據 EXTRA_PARAM 的值，為 kuard 的命令列新增了一個參數。

接下來，點擊「File system browser」的分頁（圖 11-2）。這可以讓你以應用程式的角度瀏覽檔案系統。你應該看見一個名為 /config 的項目。這就是根據 ConfigMap 所建立的磁碟區。假如你進入到裡面，你會看到系統為 ConfigMap 的每個項目建立了檔案。你還會看到一些隱藏檔（以 .. 為前綴），用於在 ConfigMap 更新時，進行新舊資料的替換。

圖 11-2　透過 kuard 所看到的 /config 目錄

Secret

雖然 ConfigMap 對於大多數的組態來說都很棒，但是有某些極敏感資料，像是密碼、安全令牌（security token）或其他類型的私鑰。我們統稱這種類型的資料為「secret」。Kurbernetes 原生就具有儲存以及處理這類敏感資料的能力。

Secret 讓建立容器映像檔時不需要將敏感資料封裝在一起。這允許容器在不同的環境間保持可移植性。Pod 根據在 Pod manifest 檔中的明確宣告和 Kubernetes API 來取得 secret。藉由這種方式，Kubernetes secrets API 提供以應用程式為主的機制，來開放其敏感設定的資訊給應用程式。這樣的做法讓稽核以及利用作業系統原生隔離機制變得更加容易。

 Kubernetes secret 可能對你來說還是不夠安全。截至 Kubernetes 版本 1.6，在任意節點擁有 root 權限的人，就能夠取得叢集中的所有 secret。Kubernetes 利用原生作業系統容器化機制讓 Pod 只能看到他們應該看得到的 secret，而在 node 之間存取的隔離目前仍然在開發中。

在 Kubernetes 版本 1.7 改善了這種情況。當在正確的配置下，它將加密儲存的 secret，並且限制每個單獨節點能夠訪問的 secret。

本節還將探討如何建立和管理 Kubernetes secret，並且介紹如何在 pod 中使用 secret 的最佳實踐。

建立 Secret

Secret 是透過 Kubernetes API 或 kubectl 命令列工具所建立的。Secret 將一個或多個資料元件保存為主鍵 / 值組的集合。

在本節中，我們將建立一個 secret 來讓符合上述儲存要求的 kuard 應用程式存放 TLS 密鑰和證書。

kuard 容器映像檔，不包含 TLS 證書或密鑰。這使得 kuard 容器可以在各種環境中保持可移植性，並且能發布在公開的 Docker 儲存庫。

建立 secret 的第一步，是取得想要儲存的原始資料。kuard 應用程式的 TLS 密鑰和證書，可以透過執行以下指令下載（請不要在此範例之外，使用這些證書）：

```
$ curl -O https://storage.googleapis.com/kuar-demo/kuard.crt
$ curl -O https://storage.googleapis.com/kuar-demo/kuard.key
```

當 *kuard.crt* 和 *kuard.key* 檔案儲存於本機後，我們就可以來準備建立一個 secret。利用 create secret 的指令，建立一個名為 kuard-tls 的 secret：

```
$ kubectl create secret generic kuard-tls \
  --from-file=kuard.crt \
  --from-file=kuard.key
```

kuard-tls 會建立兩個資料元件。執行下面的指令以取得詳細資訊：

```
$ kubectl describe secrets kuard-tls

Name:          kuard-tls
Namespace:     default
Labels:        <none>
Annotations:   <none>


Type:          Opaque

Data
====
kuard.crt:     1050 bytes
kuard.key:     1679 bytes
```

隨著 kuard-tls 已經配置完成，我們便可以透過掛載 secret 磁碟區的方式，讓 Pod 來使用它。

使用 Secret

Secret 可以透過呼叫 Kubernetes REST API 的應用程式來取得。但是，我們的目標是保持應用程式的可移植性。它們不僅應該在 Kubernetes 中運行良好，就算在其他平台上運行，也無須修改。

所以我們不透過 API 來存取 secret，而是使用 *secret 磁碟區*。

secret 磁碟區

Secret 資料可以透過 secret 磁碟區形式顯露給 Pod。Secret 磁碟區由 kubelet 所管理，並在 Pod 產生時一併建立。Secret 儲存在 tmpfs 磁碟區（也稱為 RAM 磁碟）中，因此不會寫入 node 上的磁碟。

Secret 的每個資料元件都儲存在單獨的檔案，而這些檔案位於磁碟區掛載指定的目標掛載點下。kuard-tls 的 secret，包含兩個資料元件：*kuard.crt* 和 *kuard.key*。將 kuard-tls 的 secret 磁碟區掛載到 /tls，以下是目錄檔案列表：

```
/tls/cert.pem
/tls/key.pem
```

下面的 Pod manifest 檔（範例 11-3）示範如何宣告 secret 磁碟區，並將 kuard-tls 的 secret 暴露在 kuard 容器中的目錄 /tls 下。

範例 *11-3*：*kuard-secret.yaml*

```
apiVersion: v1
kind: Pod
metadata:
  name: kuard-tls
spec:
  containers:
    - name: kuard-tls
      image: gcr.io/kuar-demo/kuard-amd64:1
      imagePullPolicy: Always
      volumeMounts:
```

```
      - name: tls-certs
        mountPath: "/tls"
        readOnly: true
  volumes:
    - name: tls-certs
      secret:
        secretName: kuard-tls
```

透過 kubectl 建立 kuard-tls Pod，並觀察正在運行中 Pod 的日誌輸出：

```
$ kubectl apply -f kuard-secret.yaml
```

執行以下指令，連接到容器中：

```
$ kubectl port-forward kuard-tls 8443:8443
```

打開瀏覽器，進入 *https://localhost:8443*。你應該看到無效憑證的警告，因為這是 *kuard.example.com* 的自我簽署憑證。如果你略過這個警告，應該看到使用 HTTPS 協定的 kuard 伺服器。可以在「File system browser」的頁面中，找到該憑證在磁碟中。

私有 Docker Registry

使用 Secret 的另一個情境是儲存私有 Docker registry 的存取憑證。Kubernetes 支援使用儲存於私有 Docker registry 中的映像檔，但存取這些映像檔需要憑證。私有映像檔可儲存在一到多個私有 registry 中。對於叢集中需要存取各個私有 registry 的節點，這無疑是個挑戰。

使用 *Image pull secrets* 來利用 secrets API 自動分發私有 registry 憑證。Image pull secrets 就像一般的 secret，但必須透過 Pod 規格中的 `spec.imagePullSecrets` 欄位來使用它。

利用 `create secret docker-registry` 來建立這種特別的 secret：

```
$ kubectl create secret docker-registry my-image-pull-secret \
  --docker-username=<username> \
  --docker-password=<password> \
  --docker-email=<email-address>
```

透過參考 Pod manifest 檔的 image pull secret 來啟用對私有 repository 的存取權限，如範例 11-4 所示。

範例 11-4：kuard-secret-ips.yaml

```
apiVersion: v1
kind: Pod
metadata:
  name: kuard-tls
spec:
  containers:
    - name: kuard-tls
      image: gcr.io/kuar-demo/kuard-amd64:1
      imagePullPolicy: Always
      volumeMounts:
      - name: tls-certs
        mountPath: "/tls"
        readOnly: true
  imagePullSecrets:
  - name:  my-image-pull-secret
  volumes:
    - name: tls-certs
      secret:
        secretName: kuard-tls
```

命名限制

在 secret 或 ConfigMap 中定義各資料項目的主鍵名稱，會被用來映射到實際的環境變數名稱。它們可能會以點（.）開頭，後跟著字母或數字。後面接續的字元可以是點（.）、破折號（-）、以及下底線（_）。點（.）不能重複，而且點（.）和下底線（_）或破折號（-）不能夠相鄰。更嚴謹地來說，這意味著它們必須符合正規表示式 [.]?[a-zA-Z0-9]([.]?[-_a-zA-Z0-9]*[a-zA-Z0-9])*。表 11-1 列出了一些關於 ConfigMap 或 secret 的有效和無效名稱範例。

表 11-1　ConfigMap 和 secret 的主鍵名稱範例

有效名稱	無效名稱
.auth_token	Token..properties
Key.pem	auth file.json
config_file	_password.txt

在命名主鍵的名稱時，請考慮到這些主鍵將會透過磁碟區掛載的方式顯露給 Pod。命名一個在命令列或是配置檔中使用時具有意義的名稱。當在配置應用程式存取 secret 時，把 TLS 密鑰的名稱取名為 key.pem 會比 tls-key 更為容易了解。

ConfigMap 的資料值以 UTF-8 文字格式直接明文儲存於 manifest 檔中。從 Kubernetes 1.6 版之後，ConfigMap 就無法儲存 binary 格式的資料了。

Secret 的資料值皆使用 base64 加密儲存。採用 base64 加密使得 secret 可以儲存 binary 資料。然而，這樣做使得管理 YAML 檔案中的 secret 更為困難，因為 base64 加密過後的值必須存放在 YAML 檔案中。

管理 ConfigMap 和 Secret

透過 Kubernetes API 進行管理 secret 和 ConfigMap。通常會使用 create、delete、
get 和 describe 這些指令操作物件。

列表

你可以使用 kubectl get secrets 指令，列出目前所在 namespace 的所有 secret：

```
$ kubectl get secrets
```

```
NAME                    TYPE                                      DATA    AGE
default-token-f5jq2     kubernetes.io/service-account-token       3       1h
kuard-tls               Opaque                                    2       20m
```

同樣地，你可以列出該 namespace 中所有的 ConfigMap：

```
$ kubectl get configmaps
```

```
NAME         DATA    AGE
my-config    3       1m
```

kubectl describe 指令，可以用來取得單獨物件的詳細資訊：

```
$ kubectl describe configmap my-config
```

```
Name:           my-config
Namespace:      default
Labels:         <none>
Annotations:    <none>

Data
====
another-param:   13 bytes
extra-param:     11 bytes
my-config.txt:   116 bytes
```

最後，你可以透過像是 kubectl get configmap my-config -o yaml 或 kubectl get secret kuard-tls -o yaml 的指令，來看見原始資料（包括 secret 的值！）。

建立

建立 secret 或 ConfigMap 最簡單的方法，是透過指令 kubectl create secret generic 或 kubectl create configmap。有多種方法能夠具體地指定 secret 或 ConfigMap 的資料項目，以下的命令列引數可以被結合在單一的指令中使用：

--from-file=< 檔案名稱 >

從檔案載入，secret 資料的主鍵名稱會與檔案名稱相同。

--from-file=< 鍵 >=< 檔案名稱 >

從檔案載入，使用指定的名稱當成 secret 資料的主鍵名稱。

--from-file=< 目錄 >

載入指定目錄中的所有檔案，而檔案名稱必須是可接受的主鍵名稱。

--from-literal=< 鍵 >=< 值 >

直接使用指定的主鍵 / 值組。

更新

你可以更新 ConfigMap 或 secret，並使其反映到正在運行的程式中。如果應用程式設定為重新讀取組態值，則不需要重新啟動它。這是一個鮮少用到的功能，但也許是你會使用在你的應用程式中的功能。

更新 ConfigMap 或 secret，有以下三種方法。

從檔案更新

如果你有一個 ConfigMap 或 secret 的 manifest 檔，你可以直接編輯它，然後利用 `kubectl replace -f <檔案名稱>` 指令釋出一個新版本。如果你之前是使用 `kubectl apply` 建立資源的話，你也可以使用 `kubectl apply -f <檔案名稱>`。

由於檔案資料會被編碼之後儲存於物件中，而 kubectl 並沒有提供從外部檔案載入資料的方法，這會造成更新組態有一點麻煩。因此資料必須直接儲存在 YAML 格式的 manifest 檔中。

最常見的情況是 ConfigMap 被定義為目錄或資源列表的一部分，而且相關的內容會一起被創建跟更新。通常這些 manifest 檔，會被提交到版本控制系統中。

 提交 secret 的 YAML 檔到版本控制系統，通常不是個好方法。因為將這些檔案推送到公開場所，容易導致你的機敏資訊被洩漏。

重建和更新

如果你是將 ConfigMap 或 secret 存於硬碟中（而不是在 YAML 檔中），則你可以使用 kubectl 重新建立 manifest 檔，然後透過這個檔案來更新物件。

這看起來會像是這樣：

```
$ kubectl create secret generic kuard-tls \
  --from-file=kuard.crt --from-file=kuard.key \
  --dry-run -o yaml | kubectl replace -f -
```

這個指令第一行是先建立一個 secret，且與現有的 secret 相同名稱。但如果我們止步於此，Kubernetes API 的伺服器會回傳錯誤，抱怨我們正在建立一個已經存在的 secret。相反的，我們告訴 kubectl 不要真的發送資料至伺服器，而是將本來要發送到 API 伺服器的 YAML 檔轉儲至標準輸出（stdout）。然後我們使用管線命令（pipe）將 YAML 檔傳送給 `kubectl replace`，並且使用 `-f -` 來告知它從標準輸入

（stdin）讀取。透過這種方式，我們可以從硬碟上的檔案更新 secret，而不必手動對檔案進行 base64 編碼。

編輯目前的版本

更新 ConfigMap 的最後一種方法是透過 kubectl edit 指令，它會用你的編輯器開啟 ConfigMap 目前的版本，接下來你就可以修改它了（你也可以對 secret 進行一樣的操作，但是你會被你自己卡在處理資料值的 base64 編碼上）：

```
$ kubectl edit configmap my-config
```

你應該會在你的編輯器中看到 ConfigMap 的定義內容。進行你所需的更動，然後儲存並且關閉你的編輯器。新版本的物件將被推送到 Kubernetes API 的伺服器上。

即時更新

當使用 API 更新 ConfigMap 或 secret，更新將會被自動推送到正在使用該 ConfigMap 或 secret 的所有磁碟區。這可能需要幾秒鐘，但 kuard 所看到的檔案列表和檔案內容，將會使用這些新的值。當使用即時更新功能，你可以更新應用程式的組態，而不必重新啟動它們。

目前在部署新版本的 ConfigMap 時，Kubernetes 並沒有內建發送信號通知應用程式的功能。這要由應用程式（或某些腳本）來監控組態檔的變化進而重新載入。

在 kuard 中使用檔案瀏覽器（透過 kubectl port-forward 指令訪問），對於動態更新 secret 和 ConfigMap 來說，是一種很棒的互動方式。

總結

ConfigMap 和 secret 是在應用程式中提供動態組態的好方法。它們允許你建立一個容器映像檔（和 Pod 定義），就可以在不同的情境下重複使用它。這可以讓你從開發到準生產（staging）甚至是生產環境，都使用完全相同的映像檔。還包含跨多個團隊和服務也使用單一映像檔。因此將組態與應用程式代碼拆開，將使你的應用程式更加可靠和可重複使用。

## 第十二章

Deployment

到目前為止，已經知道如何將應用程式封裝為容器、建立容器的副本集合，並使用 service 將流量負載平衡到你的應用服務。這些物件僅用於構建應用程式。並無法幫助管理每日或每週發布應用程式的新版本。事實上，建議 Pod 和 ReplicaSet 都盡量綁定固定的映像檔。

本章節介紹 Deployment 物件，它用於管理新版本的發布。Deployment 部署應用程式的方式不僅限於應用程式的特定軟體版本。此外，Deployment 可以輕鬆地從原本的程式碼，部署到另一個版本的程式碼。這個「rollout」過程是可配置且仔細的。輪替升級個別 Pod 之間的時間是可以配置的。也會透過健康檢查，來確保新版本的應用程式是否正常運行，在發生太多故障時停止部署。

使用 Deployment 可以可靠地推出新的軟體版本，而不會出現停機或錯誤。由 Deployment 進行部署的實際機制是在 Kubernetes 叢集中運行的 Deployment 控制器所處理。這表示可以不用看管 Deployment，仍然可以正確且安全的運行。這讓 Deployment 整合其他持續交付（continuous delivery）的工具和服務變得很簡單。此外，因為部署流程由伺服器負責，這使得從網路較差或斷斷續續的環境中執行部署也很安全。想像你人在搭地鐵時，用手機部署新版本的應用程式。Deployment 讓這件事情成真，而且安全！

當 Kubernetes 第一次發布時,最受歡迎的示範就是「滾動更新 (rolling update)」,它展現如何使用一個指令,更新正在運行的應用程式,而不用停機或丟掉請求。當初示範就是使用 kubectl rolling-update 指令,該指令在命令行工具中仍然可以使用,但大部分功能已經包含在 Deployment 物件。

第一個 Deployment

在本書一開始,你已經透過 kubectl run 建立了一個 Pod。而建立 Deployment 的指令也是類似的:

```
$ kubectl run nginx --image=nginx:1.7.12
```

這實際上是建立一個 Deployment 物件。

可以透過以下指令查看這個 Deployment 物件:

```
$ kubectl get deployments nginx
NAME    DESIRED   CURRENT   UP-TO-DATE   AVAILABLE   AGE
nginx   1         1         1            1           13s
```

Deployment 構件

現在來看看,Deployment 實際上是如何運作的。正如我們所知,ReplicaSet 管理 Pod 的概念,就如同 Deployment 管理 ReplicaSet 一樣。與 Kubernetes 中的所有關係相同,這種關係由 label 和 label 選擇器來定義。可以透過 Deployment 物件,查看 label 選擇器:

```
$ kubectl get deployments nginx \
  -o jsonpath --template {.spec.selector.matchLabels}

map[run:nginx]
```

從這裡可以看到 Deployment，正在管理一個 label 為 run = nginx 的 ReplicaSet。可以透過 ReplicaSet 的 label 選擇器，篩選特定的 ReplicaSet：

```
$ kubectl get replicasets --selector=run=nginx

NAME               DESIRED   CURRENT   READY    AGE
nginx-1128242161   1         1         1        13m
```

現在看看，Deployment 和 ReplicaSet 之間的關係。可以透過 scale 的指令，調整 Deployment 的大小：

```
$ kubectl scale deployments nginx --replicas=2

deployment "nginx" scaled
```

現在，如果再次查看 ReplicaSet，應該看到：

```
$ kubectl get replicasets --selector=run=nginx

NAME               DESIRED   CURRENT   READY    AGE
nginx-1128242161   2         2         2        13m
```

擴展了 Deployment，同時也擴展了 Deployment 控制的 ReplicaSet。

現在反過來試試擴展 ReplicaSet：

```
$ kubectl scale replicasets nginx-1128242161 --replicas=1

replicaset "nginx-1128242161" scaled
```

再次查看 ReplicaSet：

```
$ kubectl get replicasets --selector=run=nginx

NAME               DESIRED   CURRENT   READY    AGE
nginx-1128242161   2         2         2        13m
```

這有點奇怪。即使將 ReplicaSet 縮小成一個 replica，但它的需求狀態仍然是兩個 replica。到底發生什麼事呢？記得嗎？ Kubernetes 是即時自我修護線上系統。上層的 Deployment 物件，正在管理這個 ReplicaSet。原本 Deployment 的 replica 為 2，當調整 replica 為 1 時，不再符合 Deployment 的需求狀態。Deployment 控制器發現這樣的情形，並開始動作，以確保目前狀態符合需求狀態，它會重新調整 replica 的數量為 2 個。

如果想直接管理該 ReplicaSet，則需刪除它上層的 Deployment（請記住將 --cascade 設置為 false，否則它會將 ReplicaSet 和 Pod 連同刪除！）。

建立 Deployment

當然，正如其他章節所述，應該優先對你的 Kubernetes 組態進行宣告式管理。這代表需要將 Deployment 狀態透過 YAML 或 JSON 檔案儲存在磁碟中。

一開始，先下載 Deployment 的定義為 YAML 檔：

```
$ kubectl get deployments nginx --export -o yaml > nginx-deployment.yaml
$ kubectl replace -f nginx-deployment.yaml --save-config
```

如果打開檔案，你會看到像下面的程式碼：

```
apiVersion: extensions/v1beta1
kind: Deployment
metadata:
  annotations:
    deployment.kubernetes.io/revision: "1"
  labels:
    run: nginx
  name: nginx
  namespace: default
spec:
  replicas: 2
  selector:
```

```
  matchLabels:
    run: nginx
strategy:
  rollingUpdate:
    maxSurge: 1
    maxUnavailable: 1
  type: RollingUpdate
template:
  metadata:
    labels:
      run: nginx
  spec:
    containers:
    - image: nginx:1.7.12
      imagePullPolicy: Always
    dnsPolicy: ClusterFirst
    restartPolicy: Always
```

 為了簡潔起見，在前面的程式碼中，移除了多數唯讀和預設的欄位。我們還需要執行 kubectl replace --save-config 指令，這樣會多了 annotation 欄位。以便在未來修改時，kubectl 才能知道最後的配置是什麼，進而更聰明的合併組態。如果你通常使用 kubectl apply 來執行指令的話，這個步驟只需要在你第一次使用 kubectl create -f 這個指令建立 Deployment 之後執行。

Deployment 規格，與 ReplicaSet 結構非常相似。Deployment 管理的 replica 透過 Pod 模板建立容器。除 Pod 規格之外，還有 **strategy**（策略）物件：

```
...
  strategy:
    rollingUpdate:
      maxSurge: 1
      maxUnavailable: 1
    type: RollingUpdate
...
```

strategy 物件決定了 rollout 新軟體的方式。Deployment 支援兩種的 strategy 方式：Recreate（重建）和 RollingUpdate（滾動更新）。

這些在本章後面會詳細介紹。

管理 Deployment

與所有 Kubernetes 物件一樣，可以透過 kubectl describe 指令，取得所有有關 Deployment 的詳細資訊：

```
$ kubectl describe deployments nginx

Name:                    nginx
Namespace:               default
CreationTimestamp:       Sat, 31 Dec 2016 09:53:32 -0800
Labels:                  run=nginx
Selector:                run=nginx
Replicas:                2 updated | 2 total | 2 available | 0 unavailable
StrategyType:            RollingUpdate
MinReadySeconds:         0
RollingUpdateStrategy:   1 max unavailable, 1 max surge
OldReplicaSets:          <none>
NewReplicaSet:           nginx-1128242161 (2/2 replicas created)
Events:
  FirstSeen   ...   Message
  ---------   ...   -------
  5m          ...   Scaled up replica set nginx-1128242161 to 1
  4m          ...   Scaled up replica set nginx-1128242161 to 2
```

在 describe 的輸出中，有很多重要的資訊。

其中兩個最重要的資訊是 OldReplicaSets 和 NewReplicaSet。這些欄位指向目前這個 Deployment 正在管理的 ReplicaSet 物件。如果 Deployment 的狀態是正在 rollout 中，則兩個欄位都會有資料。如果 rollout 完成，那麼 OldReplicaSets 就會被設定為 <none>。

除了 describe 指令之外，還有用於部署的 kubectl rollout 指令。之後會更詳細地討論這個指令，但是現在，可以使用 kubectl rollout history，取得某些與 Deployment 相關的 rollout 歷史紀錄。如果 Deployment 現在正在進行 rollout，則可以使用 kubectl rollout status，取得目前 rollout 的狀態。

更新 Deployment

Deployment 是描述部署應用程式的宣告式物件。Deployment 上最常見的兩個操作是規模改變和應用程式更新。

擴展 Deployment

雖然前面已經示範過如何使用 kubectl scale 指令擴展 Deployment，但最好的方法是透過 YAML 檔，以宣告式管理 Deployment，並且透過修改 YAML 檔來更新 Deployment。要擴展 Deployment 需要編輯 YAML 檔增加 replica 數：

```
...
spec:
  replicas: 3
...
```

存檔並提交這個更改後，可以使用 kubectl apply 指令更新 Deployment：

```
$ kubectl apply -f nginx-deployment.yaml
```

這會更新 Deployment 的預期狀態，導致 ReplicaSet 大小增加，最終新的 Pod 建立在該 Deployment 下：

```
$ kubectl get deployments nginx

NAME    DESIRED   CURRENT   UP-TO-DATE   AVAILABLE   AGE
nginx   3         3         3            3           4m
```

更新容器的映像檔

更新 Deployment 的另一個常見情境是更新容器中軟體的版本。要實現這一點，同樣地要編輯 Deployment 的 YAML 檔，但這次要更新容器映像檔，而不是 replica 數量：

```
...
    containers:
    - image: nginx:1.9.10
      imagePullPolicy: Always
...
```

而且我們還在 Deployment 的模板中透過增加 annotation，記錄有關更新訊息：

```
...
spec:
  ...
  template:
    annotations:
      kubernetes.io/change-cause: "Update nginx to 1.9.10"
...
```

 確認是要將此 annotation 新增到模板（template）中，而不是 Deployment 本身。以及在進行擴展時，不要更新 change-cause 的 annotation。修改 change-cause 對於模板是重大改變，它會發生新的 rollout。

再次執行 kubectl apply 來更新 Deployment：

```
$ kubectl apply -f nginx-deployment.yaml
```

在更新 Deployment 之後，會開始 rollout，然後可以透過 kubectl rollout 指令，進行觀察：

```
$ kubectl rollout status deployments nginx
deployment nginx successfully rolled out
```

可以看到由 Deployment 管理的新舊 ReplicaSet，以及正在使用的映像檔。新舊的
ReplicaSet 都保存著，以防萬一需要回到舊版：

```
$ kubectl get replicasets -o wide

NAME                  DESIRED    CURRENT    READY    ...    IMAGE(S)          ...
nginx-1128242161      0          0          0        ...    nginx:1.7.12      ...
nginx-1128635377      3          3          3        ...    nginx:1.9.10      ...
```

如果正處於 rollout 階段中，而基於某些原因（例如：如果在系統中看到怪異的狀
態，並且想要調查）想要暫時暫停 rollout，可以使用暫停指令：

```
$ kubectl rollout pause deployments nginx
deployment "nginx" paused
```

檢查過後，你認為 rollout 可以安全進行，可利用 resume 指令從原本暫停的地方
開始：

```
$ kubectl rollout resume deployments nginx
deployment "nginx" resumed
```

Rollout 歷史紀錄

Kubernetes 的 Deployment 保存了 rollout 的歷史紀錄，這對於了解 Deployment 過去
的狀態，以及退到某一個特定的版本都是有幫助的。

可以執行以下指令，查看 Deployment 的歷史紀錄：

```
$ kubectl rollout history deployment nginx

deployments "nginx"
REVISION          CHANGE-CAUSE
1                 <none>
2                 Update nginx to 1.9.10
```

修訂紀錄會以舊到新順序排序。每次 rollout 都有一個獨一無二的修訂版號跟著遞增。到目前為止有兩個版本：一個是初始化時的 Deployment，另一個是將映像檔更新到 nginx：1.9.10。

如果想更深入了解某個版本，可以透過新增 --revision 旗標來查看更詳細資訊：

```
$ kubectl rollout history deployment nginx --revision=2

deployments "nginx" with revision #2
  Labels:        pod-template-hash=2738859366
      run=nginx
  Annotations:   kubernetes.io/change-cause=Update nginx to 1.9.10
  Containers:
   nginx:
    Image:        nginx:1.9.10
    Port:
    Volume Mounts:        <none>
    Environment Variables:        <none>
  No volumes.
```

接著再做一次更新版本。將 nginx 版本更新到 1.10.2，並更新 change-cause 的 annotation。透過 kubectl apply 套用它。這時的修訂紀錄應該會有三個：

```
$ kubectl rollout history deployment nginx

deployments "nginx"
REVISION        CHANGE-CAUSE
1               <none>
2               Update nginx to 1.9.10
3               Update nginx to 1.10.2
```

假設新版本有任何問題，想要先回到上一版本以便找到問題。可以直接回到上一個 rollout：

```
$ kubectl rollout undo deployments nginx
deployment "nginx" rolled back
```

無論 rollout 的哪一個階段 undo 指令都能夠作用。可以取消部分完成和完全完成的 rollout。取消 rollout 的處理，其實上是反向部署（例如，從 *v2* 到 *v1*），並且所有控制 rollout strategy 的策略，也適用於取消時。可以看到 Deployment 物件，調整 ReplicaSet 需求的 replica 數：

```
$ kubectl get replicasets -o wide
```

```
NAME               DESIRED   CURRENT   READY   ...   IMAGE(S)        ...
nginx-1128242161   0         0         0       ...   nginx:1.7.12    ...
nginx-1570155864   0         0         0       ...   nginx:1.10.2    ...
nginx-2738859366   3         3         3       ...   nginx:1.9.10    ...
```

> 使用宣告檔來控制生產系統時，會希望盡可能確保紀錄的 manifest 檔，與叢集中實際運行的 manifest 檔符合。當執行 kubectl rollout undo 更新生產環境時，該改變並不會反映到原始碼管理系統中。
>
> 另一個（也許是首選）取消 rollout 的方法，是還原（revert）YAML 檔並執行 kubectl apply 恢復之前的版本。透過這種方式，紀錄的組態會更貼近叢集中的實際運行狀況。

再一次看看 Deployment 修訂紀錄：

```
$ kubectl rollout history deployment nginx
```

```
REVISION     CHANGE-CAUSE
1            <none>
3            Update nginx to 1.10.2
4            Update nginx to 1.9.10
```

版本 2 消失了！原來是當回到上一個版本時，Deployment 直接重新使用該模板，並對其重新編號，使它成為最新版本。之前的版本 2，現在被重新排序為版本 4。

之前已經知道使用 kubectl rollout undo 指令，可以回到上一個的版本。此外，可以使用 --to-revision 旗標，回到歷史紀錄中的某個特定版本：

```
$ kubectl rollout undo deployments nginx --to-revision=3
deployment "nginx" rolled back
$ kubectl rollout history deployment nginx
deployments "nginx"
REVISION        CHANGE-CAUSE
1               <none>
4               Update nginx to 1.9.10
5               Update nginx to 1.10.2
```

再一次執行 undo 回到版本 3，讓其重新編號為版本 5。

指定版本為 0，是指定上一個版本的簡寫。所以 kubectl rollout undo 就等同於 kubectl rollout undo --to-revision=0。

預設情況下，Deployment 所有 rollout 的修訂紀錄，都將附加到 Deployment 物件本身。隨著時間的推移（例如幾年後），這些修訂紀錄可能變得很大，建議如果有希望長時間保留的 Deployment，請為它設定修訂紀錄保存的最大值，以限制 Deployment 物件的總容量。例如，如果你每天更新，則限制修訂紀錄為 14 個，以便最多保留 2 週的版本（如果你不預期需要回到兩週前的版本）。

要完成這樣的動作，可以透過 Deployment 規格中的 revisionHistoryLimit 欄位：

```
...
spec:
  # 由於每日 rollout 的關係，所以將修訂紀錄限制為兩週。
  # 因為我們預計不會回滾超過兩週之前的狀態。
  revisionHistoryLimit: 14
...
```

Deployment 策略

當需要更改軟體版本時，Kubernetes Deployment 支援兩種的 rollout 策略：

- Recreate（重建）
- RollingUpdate（滾動更新）

Recreate 策略

Recreate 是這兩個 rollout 策略中，較為單純的。它直接更新 ReplicaSet，讓 ReplicaSet 使用新的映像檔，並關閉與 Deployment 關聯的所有 Pod。ReplicaSet 會注意到它不再有任何 replica，並使用新映像檔重新建立所有的 Pod。一旦 Pod 被重新建立，表示正在運行新的版本。

雖然這個策略快又方便，但有一個主要的缺點：可能帶來災難性的後果，而且幾乎肯定會導致停機。因此，recreate 策略，只適用於不面向用戶，可接受短暫停機時間的服務。

RollingUpdate 策略

RollingUpdate 策略是所有面向用戶服務的通用策略。雖然 RollingUpdate 比 Recreate 的 rollout 速度慢，但它也明顯的更精密和強健。透過 RollingUpdate 可以無須停機且使服務仍在接收流量的情況下，推出新版本。

正如它的名字一樣，滾動更新策略運作方式是每次逐步更新部分 Pod，直到所有的 Pod 都運行新的版本。

管理多個版本的服務

重要的是這表示在某個時段內，新版和舊版的服務都會接收請求，並提供服務。這對如何構建軟體具有重大意義。也就是說，所有客戶端都能夠與軟體上下版本相容是極為重要的。

以下的情境說明上下版本相容的重要性：

> 你正在部署前端軟體：一半的伺服器運行版本 1，另一半運行版本 2。用戶向服務發出第一次請求，為了使用者介面下載 JavaScript 函式庫。這個請求，由版本 1 的服務器回應，因此用戶收到版本 1 的函式庫。這個函式庫在瀏覽器中執行，並對服務發出其他的 API 請求。這些請求剛好被導入版本 2 伺服器中。因此，版本 1 的函式庫，正在與版本 2 的伺服器溝通。如果沒有確保版本之間的相容性，應用程式將無法正常運作。

一開始，這看起來像額外的負擔。但事實上總會有這種問題。只是可能沒有注意到。具體來說，用戶在開始更新之前的時間點 t 發出請求。這請求由版本 1 的伺服器提供服務。在時間點 t_1，你將服務更新到版本 2。在時間點 t_2，使用者瀏覽器執行用戶端版本 1 程式碼時，遇到由版本 2 伺服器運行的 API 端口。無論如何更新軟體，都必須保持向上和向下的相容性，以實現可靠的更新。滾動更新策略的特性顯而易見地讓這個問題需要被思考。

要注意，這不僅適用於 JavaScript 客戶端，客戶端函式庫也是如此，函式庫被編譯後放在其他的服務，這個服務也會存取你的服務。所以你更新客戶端函式庫，不代表其他人已經更新了。向下相容性，對於服務與依賴於服務的系統去耦合相當重要。如果沒有結構化去耦合 API，那麼不得不慎重地與其他使用你服務的系統一同管理 rollout。這種緊耦合，讓每週迅速堆出新軟體變得非常困難，更別說每小時或每一天了。在圖 12-1 所示的去耦合架構中，前端透過 API contract 和負載平衡器與後端隔離，而在耦合的架構中，前端的複雜型用戶端（thick client）用於直接連接後端。

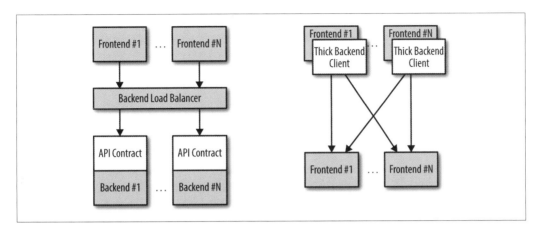

圖 12-1　去耦合（左）和耦合（右）應用架構

配置滾動更新

RollingUpdate 是通用的策略；它可以用多樣化的設置來更新各種應用程式。必然地，滾動更新本身是可配置的；可以調整它的行為來因應特殊需求。使用 maxUnavailable 和 maxSurge 這兩個參數來調整滾動更新的行為。

maxUnavailable 參數配置滾動更新期間所允許最大不可用的 Pod 數目。可以設置為絕對值（例如：設定為 3，表示最多 3 個 Pod 不可用），或百分比（例如：設定為 20%，表示期望 replica 數目中的 20％允許不可用）。

使用百分比表示以大多數服務來說是很好的方法，因為無論 Deployment 中期望的 replica 數是多少，該值都可以正確的被應用。但有時會使用絕對值（例如：將允許不可用的 Pod 限制為一個）。

重要的是 maxUnavailable 可幫助調整滾動更新的執行速度。舉例來說，如果將 maxUnavailable 設為 50%，則滾動更新時會立即將舊的 ReplicaSet 縮小到原來大小的 50％。如果您有四個 replica，則會縮小為兩個 replica。滾動更新將新的 ReplicaSet 擴展到兩個 replica，來替換被移除的 Pod，現在總共有四個 replica（兩個舊的，兩個新的）。接下來，它會將舊的 ReplicaSet 縮小到 0 個 replica，總大小為兩個新 replica。最後,它將把新 replica 擴展到四個,然後完成 rollout。因此,在 maxUnavailable 設為 50% 的情況下,rollout 會分四個階段完成,但在某些時間中我們的服務性能只會有 50%。

那麼將 maxUnavailable 改設為 25%,會發生什麼情況。這時每個步驟只會操作一個 replica,因此需要兩倍的步驟完成,但在 rollout 期間性能最低只會降到 75%。這說明如何透過設置 maxUnavailable 來利用可用性換取部署速度。

 在以上的過程中應該會注意到,事實上 recreate 的策略與 maxUnavailable 設為 100% 的滾動更新策略是一樣的。

無論你的服務有週期性的流量模式(例如:在夜間流量會比較少)或是當你只有有限的資源,擴展資源大於目前 replica 最大數量是不可能的狀況下,利用降低性能來達到成功的版本 rollout 是非常有用的。

但在某些情況下,不希望低於 100% 的性能,但是你願意暫時使用額外的資源來執行 rollout。在這樣的情境下,可以將 maxUnavailable 設為 0%,而使 maxSurge 來控制 rollout。就像 maxUnavailable 一樣,可以將 maxSurge 設定為特定的數字或是百分比。

maxSurge 可以控制建立多少額外的資源來完成 rollout。為了說明這是如何運作的,想像一下有 10 個 replica 的服務。將 maxUnavailable 設為 0,maxSurge 設為 20%。首先,會將新的 ReplicaSet 擴展到 2 個 replica,服務總共有 12 個(120%)。接下來會把舊 ReplicaSet 縮減到 8 個 replica,replica 總共有 10 個(8 個舊的,2 個新的)。此過程會一直持續進行,直到 rollout 完成。這裡的服務性能維持至少為 100%,用於 rollout 的最大額外資源限制在 20%。

 將 maxSurge 設為 100% 相當於藍 / 綠部署(blue/green deployment)。Deployment 控制器,先將新版本擴展成舊版本的 1 倍。當新版本是健康的,立即將舊版縮小為 0%。

放慢 Rollout 來確保服務的健康

分階段 rollout 的目的是確保 rollout 的結果能夠有穩定且健康的服務運行新版本軟體。為此，Deployment 控制器會等到目前的 Pod 回報完成後，才再繼續更新下一個 Pod。

 Deployment 控 制 器，根 據 readiness 檢 查 確 定 Pod 的 狀 態。Readiness 檢查是 Pod 的健康探測，在第 5 章有詳細介紹。若要使用 Deployment 來可靠地部署，則必須在 Pod 的容器中設定 readiness 檢查。沒有這些檢查的話，Deployment 控制器將會盲目地運行。

然而有時候，Pod 已經準備就緒，但沒有足夠的信心說明 Pod 實際上是表現正常的。某些錯誤情況只發生一段時間後。例如，可能有嚴重的記憶體洩漏，需要幾分鐘才能發現，或者有個錯誤只有 1% 的請求會觸發。多半在現實中，需要過一段時間才能夠確保新版本已經正常運行，然後才再繼續更新下一個 Pod。

對於 Deployment，這個等待時間由 `minReadySeconds` 定義：

```
...
spec:
  minReadySeconds: 60
...
```

將 `minReadySeconds` 設為 60，表示 Deployment 必須確認 Pod 是健康的*之後*，並且等待 60 秒，才再繼續更新下一個 Pod。

除了等待時間讓 Pod 變得健康之外，還需要設定 timeout 限制等待的時間。例如，假設新版本有一個錯誤，並立即死鎖（deadlock）。它永遠不會到準備就緒的階段，在沒有 timeout 的情況下，Deployment 控制器永遠卡在 rollout 中。

在這樣情況下的正確作法是為 rollout 設定超時（time out）時間。換句話說就是 rollout 失敗。這個失敗的狀態可以觸發警報，該警報可以向操作員反應此次 rollout 是有問題的。

限制 rollout 的時間，乍看之下似乎是多餘的。然而，越來越多的事情，像是 rollout 行為它是由系統自動觸發的，但這幾乎是無人工介入。在這樣情況下，超時（time out）成為重要的例外事件，它可以自動觸發回到上一版本，也可以建立 ticket 或事件，以人工來介入處置。

要設定超時，使用 Deployment 中的 `progressDeadlineSeconds`：

```
...
spec:
  progressDeadlineSeconds: 600
...
```

這個範例，將整個過程的最終時間設為 10 分鐘。如果 rollout 中任何特定階段在 10 分鐘內都沒有進展，則 Deployment 會被標記為失敗，並且接下來的 Deployment 都會中斷。

要注意的是，這個超時是根據 Deployment 的**進度**，而不是 Deployment 的總長度。在這種情況下，任何時候 Deployment 建立或刪除 Pod 都會定義進度。當發生這種情況時，超時計時被重置為 0。

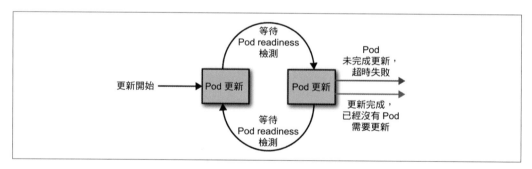

圖 12-2　Kubernetes Deployment 的生命週期

刪除 Deployment

如果想要刪除 Deployment，可以使用命令式指令執行：

```
$ kubectl delete deployments nginx
```

或者使用之前建立的宣告式 YAML 檔：

```
$ kubectl delete -f nginx-deployment.yaml
```

預設這兩種情況下，都會刪除 Deployment，並刪除整個服務。這不僅會刪除 Deployment，還有被管理的 ReplicaSet，以及由 ReplicaSet 所管理的所有 Pod。就如同刪除 ReplicaSet 一樣，如果這不是預期的行為，可以使用 --cascade=false 旗標，只刪除 Deployment 物件。

總結

到頭來，Kubernetes 的主要目標是讓你輕鬆構建，和部署可靠的分散式系統。這表示不僅要實例化應用程式一次，而且要定期管理新版本的推出。在整個服務中，Deployment 是可靠 rollout 和 rollout 管理的關鍵環節。

## 第十三章

Kubernetes 和 整合儲存解決方案

在一般情況下，從應用程式中去除耦合狀態，並且使微服務盡可能無狀態化，將造就最可靠且可管理的系統。

幾乎所有複雜系統，都可能會有狀態存在於系統中，從資料庫中的紀錄，到搜索引擎結果的索引分片。有時必須把資料存在某處。

通常建立分散式系統最複雜的一部分是將資料與容器和容器編排解決方案整合在一起。這樣的複雜性主要是來於：容器化架構朝向去耦合、不可變性和宣告式應用程式開發的轉變。這樣的模式相對容易應用在無狀態的 Web 應用程式，即便是像 Cassandra 或 MongoDB 這種「純雲端」的儲存解決方案，也需要採取手動處理重要步驟，來建立可靠的副本（replica）解決方案。

例如，考慮在 MongoDB 中建置一個 ReplicaSet，包括部署 Mongo 常駐程式、執行指令標記 Mongo 叢集中的 leader（領導）以及 participant（參與者）。這些步驟當然可以寫成腳本，但在容器世界中，很難將這些指令整合到 Deployment 中。同樣地，取得一組容器中的單一容器的可解析 DNS 名稱，也具有相當的挑戰性。

另外的複雜性來自於有數據重力（data gravity）。大部分的容器化系統不是憑空建立出來的，它們通常是虛擬機上現有的系統改編而成的，這些系統可能包括導入或遷移的資料。

最後，演變到雲端之後，表示大多時候所謂的儲存實際上是一種外部的雲服務，在這種情況下，它永遠不會存在於 Kubernetes 叢集內。

本章會介紹在 Kubernetes 中，將儲存整合到容器微服務的各種方法。我們首先介紹如何將現有的外部儲存解決方案（雲服務或在虛擬機）導入到 Kubernetes。接下來，將探討如何在 Kubernetes 內部運行可靠的機器，讓你擁有與之前部署儲存解決方案大致相同的虛擬機環境。最後，將會介紹 StatefulSet，它仍在開發階段，它代表了 Kubernetes 中有狀態運行容器的未來。

匯入外部服務

在一般的環境中，只會有一台機器運行著某種資料庫。在這樣的情況下，你可能不會希望將資料庫搬進 Kubernetes 的容器中。可能因為這是由其他團隊來維運，或是你正在進行漸進式的轉換，也有可能資料遷移的任務所帶來的價值低於它所造成的問題。

不管什麼原因，這種傳統服務器和服務都不會放入 Kubernetes，但是仍然值得在 Kubernetes 中嘗試運行這種服務器。當這樣做時，可以利用 Kubernetes 原生提供的命名服務及服務探索。此外，這樣可以配置所有應用程式，讓它看起來像在某個機器上運行的資料庫，但實際上是一個 Kubernetes 的 service。這表示利用 Kubernetes service 替換資料庫是很容易的。例如，在生產環境中，依賴著運行在機器上的資料庫，但對於持續測試，可以將測試資料庫，部署成為臨時容器。因為它是根據每次測試而建立及刪除，因此這樣的持續測試情況下，資料持久性並不重要。將這兩個資料表示為 Kubernetes 的 service，可以使測試和生產環境中保持相同的配置。測試和生產環境之間的高精確度，確保完成測試後，能夠在生產環境中成功部署。

要具體了解如何在開發和生產環境之間保持高擬真度,請記得將所有 Kubernetes 物件都部署到 *namespace* 中。想像一下,我們已經定義了 test 和 product 的 namespace。導入 test 的 service 這個物件:

```
kind: Service
metadata:
  name: my-database
  # 注意「test」的 namespace 在這邊
  namespace: test
...
```

生產環境的 service 除了 namespace,其他配置都會是一樣的:

```
kind: Service
metadata:
  name: my-database
  # 注意「prod」的 namespace 在這邊
  namespace: prod
...
```

將 Pod 部署到 test 的 namespace,並查詢名為 my-database 的 service 時,它將收到一個指向 my-database.test.svc.cluster.internal 的指標,該指標又指向測試資料庫。對比之下,當 Pod 部署在 prod 的 namespace 中,這時查詢同名的 service (my-database)時,它將收到一個指向 my-database.prod.svc.cluster.internal 的指標,而這是生產環境的資料庫。因此,在兩個不同的 namespace 中相同的 service 名稱,會解析為兩個不同的 service。有關如何更多資訊,請參考第 7 章。

> 以下介紹的技巧都是使用資料庫或其他儲存服務,但這些方法也可以使用在沒有 Kubernetes 叢集的其他服務。

沒有選擇器的 Service

當我們一開始在介紹 service 時，詳細討論了 label 查詢，以及它們如何用於 label 做為特定 servce 後端的動態 Pod 集合。但是使用外部服務時，不會有這樣的 label 查詢。相反的是，通常有指向資料庫的 DNS 名稱。在這邊的例子中，假設該伺服器為 database.company.com。要將這個外部資料庫導入到 Kubernetes 中，必須先建立一個 Pod 選擇器的 service，而這個 service 沒有引用資料庫 DNS 名稱（範例 13-1）。

範例 13-1：dns-service.yaml

```
kind: Service
apiVersion: v1
metadata:
  name: external-database
spec:
  type: ExternalName
  externalName: "database.company.com
```

建立一個典型 Kubernetes service 時，同時也會建立一個 IP 位址，並且 Kubernetes DNS 服務會配置一個 A record 指向這個 IP。當建立 `ExternalName` 類型的 service 時，Kubernetes DNS 服務會配置一個 CNAME 紀錄，這個紀錄會指向指定的外部名稱（這邊的例子是 database.company.com）。當叢集中的應用程式在解析 external-database.svc.default.cluster 時，DNS 通訊協定別名會是「database.company.com」。然後會將其解析為外部資料庫的 IP 位址。透過這樣方式，Kubernetes 中的所有容器，都認為自己正在與其他容器的 service 通訊，而事實上它們正被重定向到外部資料庫。

請注意，這不限於自己的基礎架構上資料庫。許多雲端資料庫和其他的服務，在提供存取資料庫時需要使用的 DNS 名稱（例如：`my-database.databases.cloudprovider.com`）。可以使用這個 DNS 名稱為 `externalName`。這將雲端資料庫導入到 Kubernetes 叢集的 namespace 中。

但有的時候，外部資料庫沒有 DNS 位址，而只有一個 IP 位址。在這樣的情況下，仍可將該伺服器做為 service 導入，但操作方法有些不同。首先建立沒有 label 選擇器的 Service，也沒有剛剛使用的 ExternalName（範例 13-2）。

範例 13-2：*external-ip-service.yaml*

```
kind: Service
apiVersion: v1
metadata:
  name: external-ip-database
```

此時，Kubernetes 分配一個虛擬 IP 位址給這個 service，並為其配置 A record。但由於這個 service 沒有選擇器，因此不會為負載平衡器配置 endpoint 將流量重新調配進來。

由於這是外部服務，用戶負責利用 Endpoints 手動配置端點（範例 13-3）。

範例 13-3：*external-ip-endpoints.yaml*

```
kind: Endpoints
apiVersion: v1
metadata:
  name: external-ip-database
subsets:
  - addresses:
    - ip: 192.168.0.1
    ports:
    - port: 3306
```

如果多組 IP 用於備援，可以在 addresses 陣列中設定。一旦 endpoint 被配置，負載均衡器將開始把流量從 service 重定向到 IP 位址的端點。

> 由於用戶負責維持伺服器 IP 位址更新的責任，因此需要確保 IP 永不改變，或確保某個自動化程序更新 Endpoints 紀錄。

外部 Service 的限制：健康檢查

Kubernetes 的外部 service 有主要的限制：沒有任何健康檢查。用戶有責任確保給 Kubernetes 的 endpoint 或 DNS 名稱，與應用程式所需的一樣可靠。

運行可靠的單一個體

在 Kubernetes 中執行儲存解決方案的挑戰，通常是像 ReplicaSet 這樣的原始設計期望每個容器都是相同且可替換的，但對於大多數儲存解決方案並非如此。如果要解決此問題就是使用 Kubernetes 基本資源，但不複製儲存空間。相反的是，只運行單一資料庫或其他儲存解決方案的 Pod。透過這種方式，不會發生在 Kubernetes 中執行複製儲存空間的問題，因為沒有複寫行為。

乍看之下，這似乎與建立高可靠度分散式系統的原則背道而馳，但基本來看它並沒有比把你的資料庫或儲存架構執行於目前大部分人所採用的單一虛擬機或實體機來的不可靠。事實上，如果正確地構建系統，唯一犧牲的就是升級或機器故障的潛在停機時間。雖然對於大規模或關鍵任務型系統來說，這可能是不可接受的，但對於小規模來說，這種短暫的停機，對於降低複雜性來說是一個合理的折衷。如果這不適用於讀者，可以跳過這個部分，並按照上一節，導入現有服務，或轉到 Kubernetes 原生的 StatefulSet，如下節所述。對於其他人而言，將討論如何為資料儲存，構建在可靠的單一個體。

運行一個 MySQL 單個體

在本節中，將介紹如何在 Kubernetes 中以 Pod 的形式，運行可靠的 MySQL 資料庫單個體，以及如何將該個體，暴露給叢集中的其他應用程式。

為此，我們建立三個基本的物件：

- persistent volume：用來管理硬碟儲存的生命週期，其獨立於運行中的 MySQL 應用程式的生命週期

- Pod：該 Pod 中運行 MySQL 應用程式

- service：該 service 會將這個 Pod 暴露到叢集中的其他容器中。

在第 5 章，我們介紹了 persistent volume，但還是在這裡簡單的介紹一下。persistent volume 是與任何 Pod 或容器的生命週期無關的磁碟區空間。對於持久性儲存解決方案非常有用，即使運行資料庫的容器出錯，或移動到不同的機器，資料庫的硬碟也應該存在。如果應用程式移動到不同的機器上，則磁碟區要隨著移動且保留資料。將資料儲存分離為 persistent volume 就能夠辦到。首先，將為 MySQL 建立 persistent volume 以供使用。

這個例子，使用 NFS 來實現最大的可移植性，不過 Kubernetes 也支援各組的 persistent volume 驅動型別。像是主要公共雲供應商，以及大部分私有雲供應商都有 persistent volume 驅動。要使用這些解決方案，只需將 nfs 替換為適當的雲供應商的類型（例如：azure、awsElasticBlockStore 或 gcePersistentDisk）即可。在任何情況下，按照你所需的改變。Kubernetes 知道如何在相應的雲供應商中建立適合的儲存空間。這是 Kubernetes 如何簡化可靠分散式系統開發的一個很好的例子。

以下是 persistent volume 物件的範例（範例 13-4）。

範例 *13-4*：*nfs-volume.yaml*

```
apiVersion: v1
kind: PersistentVolume
metadata:
  name: database
  labels:
    volume: my-volume
spec:
  capacity:
```

```
      storage: 1Gi
  nfs:
    server: 192.168.0.1
    path: "/exports"
```

這裡定義了 1 GB 儲存空間的 NFS persistent volume。

可以像平常方式建立這個 persistent volume：

```
$ kubectl apply -f nfs-volume.yaml
```

現在建立了一個 persistent volume，這時需要宣告 Pod 的 persistent volume。需要用到 PersistentVolumeClaim 物件來完成（範例 13-5）。

範例 *13-5*：*nfs-volume-claim.yaml*

```
kind: PersistentVolumeClaim
apiVersion: v1
metadata:
  name: database
spec:
  resources:
    requests:
      storage: 1Gi
  selector:
    matchLabels:
      volume: my-volume
```

在選擇器（selector）欄位中，填入之前定義的 persistent volume 的 label。

這樣的迂迴似乎過於複雜，但它的目的是將 Pod 和儲存的定義隔離。你可以直接在 Pod 規格中宣告磁碟區，但會將該 Pod 規格限制在某個磁碟區供應商（例如，特定的公共雲或私有雲）。透過磁碟區宣告，可以有與雲端無關的 Pod 規格；只需建立特定於雲磁碟區，然後使用 PersistentVolumeClaim 並將它們綁定在一起即可。

現在已經宣告了磁碟區，可以使用 ReplicaSet 來構建單個體的 Pod。使用 ReplicaSet 來管理單個體 Pod 看似奇怪，但對於可靠性來說是很重要的。記得一件事，當 Pod 被調度到一台機器上，就會永久地被綁定到該台機器上。如果機器發生故障，那麼該機器中沒有被更上層的控制器（像是 ReplicaSet）所管理的話，那麼在機器中的 Pod 會與機器一起消失，並且不會在另外的機器上被重新調度。因此，為了確保資料庫的 Pod，在出現機器故障時能夠重新被調度，需由上層的 ReplicaSet 控制器來管理資料庫，而設定 replica 大小為 1（範例 13-6）。

範例 13-6：mysql-replicaset.yaml

```
apiVersion: extensions/v1beta1
kind: ReplicaSet
metadata:
  name: mysql
  # 使用 label，以便可以使用 Service 綁定這個 Pod
  labels:
    app: mysql
spec:
  replicas: 1
  selector:
    matchLabels:
      app: mysql
  template:
    metadata:
      labels:
        app: mysql
    spec:
      containers:
      - name: database
        image: mysql
        resources:
          requests:
            cpu: 1
            memory: 2Gi
        env:
        # 基於安全性考量，使用環境變數不是一個好做法
        # 為了簡單易懂，才在這個範例中使用
```

```
# 可參考第 11 章
- name: MYSQL_ROOT_PASSWORD
  value: some-password-here
livenessProbe:
  tcpSocket:
    port: 3306
ports:
- containerPort: 3306
volumeMounts:
  - name: database
    # /var/lib/mysql 是 MySQL 存放資料庫檔案的位置
    mountPath: "/var/lib/mysql"
volumes:
- name: database
  persistentVolumeClaim:
    claimName: database
```

當建立 ReplicaSet，它將依序建立一個利用之前建立的持久化空間，運行 MySQL 的 Pod。最後一步，是將其做為 service 暴露出來（範例 13-7）。

範例 *13-7*：*mysql-service.yaml*

```
apiVersion: v1
kind: Service
metadata:
  name: mysql
spec:
  ports:
  - port: 3306
    protocol: TCP
  selector:
    app: mysql
```

現在於叢集中，有個可靠的單個體 MySQL 叫 mysql 的 service 暴露，可以透過完整的域名 mysql.svc.default.cluster 存取它。

像這樣的方式，可以用於各種資料儲存，並且如果需求很簡單，並且面臨機器故障或需要升級資料庫時，可以接受短暫的停機，那麼對於你的應用程式來說，可靠的單個體是好的方法。

動態磁碟區擴充（Dynamic Volume Provisioning）

很多叢集也包含**動態磁碟區擴充**。透過動態磁碟區擴充，讓叢集操作人員建立一個或多個 StorageClass 物件。以下在 Microsoft Azure 上，利用預設儲存類別（storage class）自動配置硬碟物件的範例（範例 13-8）。

範例 *13-8*：*storageclass.yaml*

```
apiVersion: storage.k8s.io/v1beta1
kind: StorageClass
metadata:
  name: default
  annotations:
    storageclass.beta.kubernetes.io/is-default-class: "true"
  labels:
    kubernetes.io/cluster-service: "true"
provisioner: kubernetes.io/azure-disk
```

當叢集建立儲存類別（storage class）後，可以在 persistent volume claim 中引用此儲存類別，而不是引用某個 persistent volume。當磁碟區擴充器發現這個儲存宣告時，它將使用適用的磁碟區驅動器建立磁碟區，並將其綁定到 persistent volume claim。

以下使用 PersistentVolumeClaim 的範例，它使用剛剛定義的 default 儲存類別來宣告新建立的 persistent volume（範例 13-9）。

範例 13-9：*dynamic-volume-claim.yaml*

```
kind: PersistentVolumeClaim
apiVersion: v1
metadata:
  name: my-claim
  annotations:
    volume.beta.kubernetes.io/storage-class: default
spec:
  accessModes:
  - ReadWriteOnce
  resources:
    requests:
      storage: 10Gi
```

volume.beta.kubernetes.io/storage-class 的 annotation 表示將此宣告連結到剛剛所建立的儲存類別上。

Persistent volume 適用於需要儲存的傳統應用程式，但如果需要以原生 Kubernetes 開發高可用性和可擴展儲存空間，則可以使用新發布的 StatefulSet 物件。因此，將在下一節介紹如何使用 StatefulSet 部署 MongoDB。

讓 StatefulSet 使用 Kubernetes 的儲存空間

在 Kubernetes 開發之初，重點強調所有 replica 的同質性。在這種設計中，無法識別個別的 replica。需由開發人員在應用程式中建立此識別。

雖然這種方法使編排系統有很大程度的隔離，但這也使得開發有狀態的應用程式變得很困難。經過社群的大量投入及對各種現有的有狀態應用程式的測試之後，StatefulSet 在 Kubernetes 1.5 版中推出了。

因為 StatefulSet 仍在 beta 階段^{譯註}，所以在成為正式的 Kubernetes API 之前，可能會有些變化。StatefulSet API 已經有很多的投入資源，且通常被認為是相當穩定的，但在使用 StatefulSet 之前，還是應該考慮一下其仍在 beta 階段。在許多狀況下，前述具有有狀態應用程式的模式，或許在短期內是比較適合你的。

StatefulSet 的特性

StatefulSet 的 Pod 副本群組類似 ReplicaSet，但又與 ReplicaSet 不同，它具有某些獨特的特性：

- 每個 replica 具有唯一的永久主機名（例如：`database-0`、`database-1` 等等）。

- 每個 replica 依照低到高的索引建立，並且會等到前一個的 Pod 正常且可運作才會建立下一個。這也適用於擴展。

- 而刪除的動作，每個 replica 將會按照從高到低的索引依序刪除。這也適用於縮小 replica。

使用 StatefulSet 手動複製 MongoDB

在本節中，我們將部署副本式的 MongoDB 叢集。以便了解 StatefulSet 的運作模式，副本設定會以手動方式進行。最後也會以自動化完成這個配置。

首先，利用 StatefulSet 物件，建立三個包含 MongoDB 的 Pod 副本集合（範例 13-10）。

範例 *13-10*：*mongo-simple.yaml*

```
apiVersion: apps/v1beta1
kind: StatefulSet
metadata:
  name: mongo
```

---

^{譯註} 在翻譯本書時，StatefulSet 已經於 Kubernetes 1.9 推出穩定正式版。

```
spec:
  serviceName: "mongo"
  replicas: 3
  template:
    metadata:
      labels:
        app: mongo
    spec:
      containers:
      - name: mongodb
        image: mongo:3.4.1
        command:
        - mongod
        - --replSet
        - rs0
        ports:
        - containerPort: 27017
          name: peer
```

可以發現，這與前面章節中介紹的 ReplicaSet 定義類似。唯一不同的是 apiVersion 和 kind 欄位。接下來建立 StatefulSet：

```
$ kubectl apply -f mongo-simple.yaml
```

一旦建立後，ReplicaSet 和 StatefulSet 就有明顯的差別。這時執行 kubectl get pods 會看到：

```
NAME       READY   STATUS              RESTARTS   AGE
mongo-0    1/1     Running             0          1m
mongo-1    0/1     ContainerCreating   0          10s
```

這與 ReplicaSet 有兩個重要的差別。第一個是每個副本的 Pod 都有一個以數字表示的索引（0、1…），而不像 ReplicaSet 控制器附加的亂數後綴。第二個是 Pod 按順序慢慢建立，而不像 ReplicaSet 一次全部建立。

一旦 StatefulSet 被建立，還需要建立「headless」的 service，管理 StatefulSet 的 DNS 項目。在 Kubernetes 中，如果 service 沒有 cluster IP 位址，就稱為「headless」service。由於 StatefulSet 中每個 Pod 都有唯一的標記，因此提供負載平衡的 IP 位址給副本式的 service 並無意義。可以在 service 規格中，利用 clusterIP: None 建立 headless 的 service（範例 13-11）。

範例 *13-11*：*mongo-service.yaml*

```
apiVersion: v1
kind: Service
metadata:
  name: mongo
spec:
  ports:
  - port: 27017
    name: peer
  clusterIP: None
  selector:
    app: mongo
```

一旦建立了這個 service，通常會配置四個 DNS 項目。像之前建立 service 相同，會產生 mongo.default.svc.cluster.local，但與標準的 service 不同之處在於此主機名的 DNS 解析，會得到 StatefulSet 中的所有位址。此外，也會建立 mongo-0.mongo.default.svc.cluster.local、mongo-1.mongo 和 mongo-2.mongo 的 DNS record。每一個都解析為 StatefulSet 裡 replica 的特定 IP 位址。因此，透過 StatefulSet 可以讓集合中的每個 replica 產生定義永久明確名稱。這對於配置副本式儲存解決方案時非常有用。可以透過在其中一個 Mongo 的 replica 中，執行指令查看這些 DNS 項目：

```
$ kubectl exec mongo-0 bash ping mongo-1.mongo
```

接下來，將會使用這些 Pod 主機名稱，手動設定 Mongo 副本配置。

選擇 mongo-0.mongo 做為主要（primary）節點。在這個 Pod 中，執行 mongo 指令：

```
$ kubectl exec -it mongo-0 mongo
> rs.initiate( {
  _id: "rs0",
  members:[ { _id: 0, host: "mongo-0.mongo:27017" } ]
});
OK
```

這指令告知 mongodb，使用 mongo-0.mongo 做為 ReplicaSet 主要副本來進行初始化，名稱為 rs0。

 rs0 的名稱是可以自行決定的。但需要在 *mongo.yaml* 的 StatefulSet 定義中改變。

初始化 Mongo 的 ReplicaSet 之後，可以透過在 mongo-0.mongo Pod 的 mongo 工具中，執行以下指令新增其他的副本：

```
$ kubectl exec -it mongo-0 mongo
> rs.add("mongo-1.mongo:27017");
> rs.add("mongo-2.mongo:27017");
```

可以看見，這是使用 replica 特定的 DNS 名稱，將它們新增為 Mongo 叢集中的 replica。就這樣完成了。副本式的 MongoDB 已經啟動並正在運行，但這並不像我們所希望的自動化處理。在下一節中，將介紹如何使用 script 來自動化設置。

自動化建立 MongoDB 叢集

為了自動部署 StatefulSet 的 MongoDB 叢集，會新增額外的容器執行初始化。

要配置這個 Pod 而不需額外構建新的 Docker 映像檔，是使用 ConfigMap 將 script 新增到現有的 MongoDB 映像檔中。以下可以看見新增的容器配置：

```
...
        - name: init-mongo
          image: mongo:3.4.1
          command:
          - bash
          - /config/init.sh
          volumeMounts:
          - name: config
            mountPath: /config
      volumes:
      - name: config
        configMap:
          name: "mongo-init"
```

請注意，這個容器正在掛載名為 `mongo-init` 的 ConfigMap 磁碟區。這個 ConfigMap 包含執行初始化的 script。首先，這個 script 會確定它是否在 `mongo-0` 上執行。如果是的話，它會在使用之前執行同樣的指令建立 ReplicaSet。如果不是，將會等到 ReplicaSet 存在，才會將自己註冊為這個 ReplicaSet 的成員。

範例 13-12 有完整的 ConfigMap 物件定義。

範例 *13-12*：*mongo-configmap.yaml*

```
apiVersion: v1
kind: ConfigMap
metadata:
  name: mongo-init
data:
  init.sh: |
    #!/bin/bash

    # 需要等待 readiness 健康檢查成功，以便能夠解析 mongo 的名稱。
    # 這有點不穩定
    until ping -c 1 ${HOSTNAME}.mongo; do
      echo "waiting for DNS (${HOSTNAME}.mongo)..."
```

```
    sleep 2
  done

  until /usr/bin/mongo --eval 'printjson(db.serverStatus())'; do
    echo "connecting to local mongo..."
    sleep 2
  done
  echo "connected to local."

  HOST=mongo-0.mongo:27017

  until /usr/bin/mongo --host=${HOST} --eval 'printjson(db.serverStatus())'; do
    echo "connecting to remote mongo..."
    sleep 2
  done
  echo "connected to remote."

  if [[ "${HOSTNAME}" != 'mongo-0' ]]; then
    until /usr/bin/mongo --host=${HOST} --eval="printjson(rs.status())" \
          | grep -v "no replset config has been received"; do
      echo "waiting for replication set initialization"
      sleep 2
    done
    echo "adding self to mongo-0"
    /usr/bin/mongo --host=${HOST} \
        --eval="printjson(rs.add('${HOSTNAME}.mongo'))"
  fi

  if [[ "${HOSTNAME}" == 'mongo-0' ]]; then
    echo "initializing replica set"
    /usr/bin/mongo --eval="printjson(rs.initiate(\
        {'_id': 'rs0', 'members': [{'_id': 0, \
        'host': 'mongo-0.mongo:27017'}]}))"
  fi
  echo "initialized"

  while true; do
    sleep 3600
  done
```

這個 script 在初始化叢集後，會永遠地休眠。Pod 裡的每個容器，必須具有一致的 RestartPolicy。因為我們希望主節點的 Mongo 容器重新啟動後，初始化使用的容器也必須永遠運行，否則 Kubernetes 可能會認為這個 Pod 不健康。

在範例 13-13 中，綜合使用 ConfigMap 完整的 StatefulSet。

範例 *13-13*：*mongo.yaml*

```
apiVersion: apps/v1beta1
kind: StatefulSet
metadata:
  name: mongo
spec:
  serviceName: "mongo"
  replicas: 3
  template:
    metadata:
      labels:
        app: mongo
    spec:
      containers:
      - name: mongodb
        image: mongo:3.4.1
        command:
        - mongod
        - --replSet
        - rs0
        ports:
        - containerPort: 27017
          name: web
      # 這個容器初始化 mongodb 之後就休眠了
      - name: init-mongo
        image: mongo:3.4.1
        command:
        - bash
        - /config/init.sh
        volumeMounts:
```

```
    - name: config
      mountPath: /config
  volumes:
  - name: config
    configMap:
      name: "mongo-init"
```

有了這些檔案，就可以建立一個 Mongo 叢集：

```
$ kubectl apply -f mongo-config-map.yaml
$ kubectl apply -f mongo-service.yaml
$ kubectl apply -f mongo.yaml
```

或者，如果想要全部合併成一個 YAML 檔，可以將每個物件透過 --- 區隔。確保維持相同的排序，因為 StatefulSet 定義依賴於 ConfigMap。

Persistent Volume 和 StatefulSet

對於持久性儲存空間，需要將 persistent volume 掛載到 */data/db* 目錄中。在 Pod 模板中，需要對其進行更新以將 Persistent volume claim 掛載到該目錄中：

```
    ...
        volumeMounts:
        - name: database
          mountPath: /data/db
```

雖然這種方法與可靠的單個體類似，但由於 StatefulSet 有多個 Pod，因此不能直接引用 persistent volume claim。相反的是需要新增 *persistent volume claim* 的**模板**。可以將 claim 模板想成為 Pod，但不是建立 Pod 而是建立 volume claim。將以下內容新增到 StatefulSet 定義的底下：

```
  volumeClaimTemplates:
  - metadata:
      name: database
      annotations:
        volume.alpha.kubernetes.io/storage-class: anything
    spec:
```

```
accessModes: [ "ReadWriteOnce" ]
resources:
  requests:
    storage: 100Gi
```

當 volume claim 模板新增至 StatefulSet 定義，在建立 Pod 時 StatefulSet 控制器會根據此模板建立一個 persistent volume claim。

 為了讓這些副本式 persistent volume 正常運作，persistent volume 需要設定自動配置，或是預先配置 persistent volume 的集合，以供 StatefulSet 控制器進行指定。如果沒有可以被建立的 claim，則 StatefulSet 控制器無法建立對應的 Pod。

最後一項：Readiness 探測器

構建正式環境 MongoDB 叢集的最後階段是為 Mongo 容器新增 liveness 檢查。正如在第 53 頁的「健康檢查」中介紹的那樣，liveness 探測器用於確認容器是否正常運行。對於 liveness 檢查，可以利用以下 mongo 工具，新增至 StatefulSet 物件的 Pod 模板中：

```
...
livenessProbe:
  exec:
    command:
      - /usr/bin/mongo
      - --eval
      - db.serverStatus()
    initialDelaySeconds: 10
    timeoutSeconds: 10
...
```

總結

一旦結合 StatefulSet、persistent volume claim 和 liveness 探測，就可以在 Kubernetes 上運行基於雲端且強化可擴展的 MongoDB。雖然這裡範例只提到 MongoDB，但透過 StatefulSet 來管理其他儲存解決方案的方法非常雷同，並且可以遵循相似的模式。

## 第十四章

部署實際的應用程式

之前的章節介紹 Kubernetes 叢集中各種 API 物件，以及最適合構建可靠分散式系統的方式。但沒有真正說到如何利用這些物件來部署完整的應用程式，而這就是本章節的重點。

接下來會帶大家了解三種現實中會使用的應用程式：

- Parse：面向移動應用的開源 API 伺服器
- Ghost：Blog 和內容管理平台
- Redis：輕量、高性能的主鍵 / 值資料庫

這些完整範例，應該能夠讓你更了解如何使用 Kubernetes 構建部署。

Parse

Parse（*https://parse.com*）是一個專門為移動應用，提供易用儲存的雲端 API。它提供各種的客戶端程式庫，能夠輕易地與 Android、iOS 和其他移動平台進行整合。Facebook 在 2013 年買下 Parse 後，就將這個專案關閉。非常幸運的是我們可以使用由 Parse 核心團隊開源出來的兼容服務。本節介紹如何在 Kubernetes 中配置 Parse。

必要條件

Parse 是以 MongoDB 為它的資料庫。在第 13 章有介紹如何利用 `StatefulSet` 配置副本式 MongoDB。在這個章節中需要準備一組 `mongo-0.mongo`、`mongo-1.mongo` 和 `mongo-2.mongo` 副本的 Mongo 叢集。

準備一個 Docker 帳號，如果沒有可以至 *https://docker.com* 申請。

最後，準備好 Kubernetes 叢集，並正確安裝 `kubectl` 工具。

建立 parse-server

開源的 `parse-server` 專案中，預設有一個 *Dockerfile* 檔案方便容器化。首先，clone Parse 的儲存庫：

```
$ git clone https://github.com/ParsePlatform/parse-server
```

接下來進入目錄，並構建映像檔：

```
$ cd parse-server
$ docker build -t ${DOCKER_USER}/parse-server .
```

最後，將映像檔推送到 Docker hub：

```
$ docker push ${DOCKER_USER}/parse-server
```

部署 parse-server

構建了容器映像檔後，將 `parse-server` 部署到叢集中就簡單了。Parse 在配置時，需要三個環境變數：

APPLICATION_ID

　　用於授權應用程式的識別碼

MASTER_KEY

授權主（root）用戶的識別碼

DATABASE_URI

MongoDB 叢集的 URI

綜合起來，可以使用範例 14-1 中的 YAML 檔，將 Parse 部署為 Kubernetes Deployment。

範例 14-1：*parse.yaml*

```yaml
apiVersion: extensions/v1beta1
kind: Deployment
metadata:
  name: parse-server
  namespace: default
spec:
  replicas: 1
  template:
    metadata:
      labels:
        run: parse-server
    spec:
      containers:
      - name: parse-server
        image: ${DOCKER_USER}/parse-server
        env:
        - name: DATABASE_URI
          value: "mongodb://mongo-0.mongo:27017,\
            mongo-1.mongo:27017,mongo-2.mongo\
            :27017/dev?replicaSet=rs0"
        - name: APP_ID
          value: my-app-id
        - name: MASTER_KEY
          value: my-master-key
```

測試 Parse

若要測試你部署的應用程式，需要將其做為 service 暴露。可以以例 14-2 的範例建立 service。

範例 *14-2：parse-service.yaml*

```
apiVersion: v1
kind: Service
metadata:
  name: parse-server
  namespace: default
spec:
  ports:
  - port: 1337
    protocol: TCP
    targetPort: 1337
  selector:
    run: parse-server
```

現在，Parse 伺服器正在運行，並已經準備好接收從移動應用的請求。在真實環境下的應用程式，當然都希望透過 HTTPS 的連接。可以至 parse-server 的 GitHub 頁面（*https://github.com/parse-community/parse-server*），查詢更多像這樣的配置資訊。

Ghost

Ghost 是一個流行的部落格（Blog）引擎，有簡潔的介面，是以 JavaScript 所撰寫。可以使用基於檔案的 SQLite 或 MySQL 為資料庫。

配置 Ghost

Ghost 以一個簡單的 JavaScript 檔案來描述服務器，可以將此檔案做為映射組態儲存。Ghost 的開發（development）組態，如例 14-3 所示。

範例 *14-3*：*ghost-config.js*

```
var path = require('path'),
    config;

config = {
    development: {
        url: 'http://localhost:2368',
        database: {
            client: 'sqlite3',
            connection: {
                filename: path.join(process.env.GHOST_CONTENT,
                                    '/data/ghost-dev.db')
            },
            debug: false
        },
        server: {
            host: '0.0.0.0',
            port: '2368'
        },
        paths: {
            contentPath: path.join(process.env.GHOST_CONTENT, '/')
        }
    }
};

module.exports = config;
```

一旦將這個組態檔存到 *config.js* 中，可以利用以下指令建立 Kubernetes ConfigMap
物件：

```
$ kubectl apply cm --from-file ghost-config.js ghost-config
```

這會產生一個 ghost-config 的 ConfigMap。與 Parse 範例相同，將這個組態檔，做
為容器掛載到容器中。將部署 Ghost 做為 Deployment 物件，將這個磁碟區定義為
Pod 模板的一部分（範例 14-4）。

範例 *14-4*：*ghost.yaml*

```yaml
apiVersion: extensions/v1beta1
kind: Deployment
metadata:
  name: ghost
spec:
  replicas: 1
  selector:
    matchLabels:
      run: ghost
  template:
    metadata:
      labels:
        run: ghost
    spec:
      containers:
      - image: ghost
        name: ghost
        command:
        - sh
        - -c
        - cp /ghost-config/config.js /var/lib/ghost/config.js
          && /entrypoint.sh npm start
        volumeMounts:
        - mountPath: /ghost-config
          name: config
      volumes:
      - name: config
        configMap:
          defaultMode: 420
          name: ghost-config
```

需要注意的是要將 *config.js* 從其他地方複製至 Ghost 能夠找得到的地方，因為 ConfigMap 只能掛載目錄，而不能掛載單一檔案。Ghost 其他的檔案不在 ConfigMap 中，所以不能單純地將整個 ConfigMap 掛載到 */var/lib/ghost* 中。

可以執行以下指令：

```
$ kubectl apply -f ghost.yaml
```

一旦 Pod 開始運行，可以將其做為 service 暴露：

```
$ kubectl expose deployments ghost --port=2368
```

一旦 service 暴露後，可以利用 kubectl proxy 指令存取 Ghost server：

```
$ kubectl proxy
```

然 後 在 瀏 覽 器 造 訪 *http://localhost:8001/api/v1/namespaces/default/services/ghost/ proxy/*，存取 Ghost 服務。

Ghost + MySQL

由於 Blog 的內容儲存在容器中的本機中，因此這個範例沒有伸縮性，甚至不可靠。要讓它能夠更有擴展性的方法是將 Blog 的資料存於 MySQL 資料庫裡。

為此，先修改 *config.js*，讓其包含以下資訊：

```
...
database: {
  client: 'mysql',
  connection: {
    host     : 'mysql',
    user     : 'root',
    password : 'root',
    database : 'ghost_db',
    charset  : 'utf8'
  }
},
...
```

接下來，建立另一個 ghost-config 的 ConfigMap 物件：

```
$ kubectl create configmap ghost-config-mysql --from-file config.js
```

然後修改 Ghost 的 Deployment，讓原本掛載 config-map 的 ConfigMap，改成 config-map-mysql：

```
...
    - configMap:
        name: ghost-config-mysql
...
```

利用第 180 頁「讓 StatefulSet 使用 Kubernetes 的儲存空間」介紹的，在 Kubernetes 叢集中部署 MySQL。確認有一個 mysql 的 service。

需要在 MySQL 中建立資料庫：

```
$ kubectl exec -it mysql-zzmlw -- mysql -u root -p
Enter password:
Welcome to the MySQL monitor.  Commands end with ; or \g.
...

mysql> create database ghost_db;
...
```

最後，部署這個新配置。

```
$ kubectl apply -f ghost.yaml
```

由於 Ghost 伺服器已經與資料庫去耦合，所以能夠擴展 Ghost 伺服器，並且在所有 replica 之間共享資料。

編輯 *ghost.yaml* 將 spec.replicas 設為 3，然後執行：

```
$ kubectl apply -f ghost.yaml
```

Ghost 配置現在擴展至三個 replica。

Redis

Redis 是一款很流行的主鍵 / 值記憶體資料庫，它具有許多功能。以部屬應用程式來說，Redis 是一個非常有趣的應用程式，因為它是一個好的例子來說明 Kubernetes Pod 抽象化的價值。這是因為具有可靠性的 Redis，實際上是由兩個程式同時運作的，第一個是 `redis-server`，它是主要的主鍵 / 值資料庫，另一個是 `redis-sentinel`，它為副本式的 Redis 叢集，處理健康檢查和故障轉移。

當利用副本式方式部署 Redis 時，會有一個主節點，用於讀取和寫入操作。此外，會有其他 replica 伺服器，可以複製寫入主節點的資料，並可用於負載平衡讀取的操作。如果主節點發生故障，任一個 replica 都能夠切換成主節點，透過 Redis sentinel 處理這樣的故障轉移。在部署的應用程式中，Redis 伺服器和 Redis sentinel 都在於同一份檔案中。

配置 Redis

跟之前一樣，使用 ConfigMap 配置 Redis 的安裝。Redis 需要對於主副本各別配置，主節點需要建立 *master.conf* 的檔案，程式碼於範例 14-5。

範例 14-5：master.conf

```
bind 0.0.0.0
port 6379

dir /redis-data
```

這表示 Redis 綁定在所有網路介面的 6379 連結埠上（Redis 預設埠），並將其檔案儲存於 *redis-data* 的目錄中。

副節點的組態是相同的，但多了一行 `slaveof` 指令。建立一個 *slave.conf* 檔案，程式碼於範例 14-6。

範例 *14-6*：*slave.conf*

```
bind 0.0.0.0
port 6379

dir .

slaveof redis-0.redis 6379
```

注意一點，這裡使用 `redis-0.redis` 為主節點的名稱。我們在 service 和 StatefulSet 都會設定這個名稱。

還需要為 Redis sentinel 配置。建立 *sentinel.conf*，程式碼於範例 14-7。

範例 *14-7*：*sentinel.conf*

```
bind 0.0.0.0
port 26379

sentinel monitor redis redis-0.redis 6379 2
sentinel parallel-syncs redis 1
sentinel down-after-milliseconds redis 10000
sentinel failover-timeout redis 20000
```

現在有了所有的組態檔，再來需要建立幾個 script 在 StatefulSet 中使用。

第一個 script 只是查找 Pod 的主機名稱，並確認主節點還是副節點，並使用適當的組態啟動 Redis。建立 *init.sh* 的檔案，程式碼於範例 14-8。

範例 *14-8*：*init.sh*

```
#!/bin/bash
if [[ ${HOSTNAME} == 'redis-0' ]]; then
  redis-server /redis-config/master.conf
else
  redis-server /redis-config/slave.conf
fi
```

另一個 script 是用在 Redis sentinel。這很重要，因為需要等到 `redis-0.redis` 這個 DNS 名稱可以被使用。建立 *sentinel.sh* 的 script，程式碼於範例 14-9。

範例 *14-9*：*sentinel.sh*

```
#!/bin/bash
while ! ping -c 1 redis-0.redis; do
  echo 'Waiting for server'
  sleep 1
done

redis-sentinel /redis-config/sentinel.conf
```

現在將這些檔案打包到 ConfigMap 物件中。可以用一行命令行指令來完成這個操作：

```
$ kubectl create configmap \
  --from-file=slave.conf=./slave.conf \
  --from-file=master.conf=./master.conf \
  --from-file=sentinel.conf=./sentinel.conf \
  --from-file=init.sh=./init.sh \
  --from-file=sentinel.sh=./sentinel.sh \
  redis-config
```

建立 Redis 伺服器

部署 Redis 的下一步是建立 service，為 Redis 的 replica 提供命名服務和服務發現（例如：`redis-0.redis`）。為此，建立一個沒有 cluster IP 的 service（範例 14-10）。

範例 *14-10*：*redis-service.yaml*

```
apiVersion: v1
kind: Service
metadata:
  name: redis
spec:
  ports:
  - port: 6379
```

```
      name: peer
    clusterIP: None
    selector:
      app: redis
```

可以利用 `kubectl apply -f redis-service.yaml` 建立這個 service，不要擔心這個 service 的 Pod 不存在。Kubernetes 不會在意，而它會在建立 Pod 時回傳正確的名稱。

部署 Redis

最後要準備來部署 Redis 叢集了。為此，我們會使用 StatefulSet 部署 Redis 叢集。在第 181 頁的「使用 StatefulSet 手動複製 MongoDB」中已經介紹過 StatefulSet 了。StatefulSet 提供索引（例如：`redis-0.redis`）以及有排序的建立和刪除規則（`redis-0` 一定會在 `redis-1` 之前建立…等等）。這對於類似像 Redis 這種有狀態的應用程式非常有用，但老實說，StatefulSet 看起來很像 Deployment。本次範例的 Redis 叢集的 StatefulSet 配置檔案於範例 14-11。

範例 14-11：redis.yaml

```
apiVersion: apps/v1beta1
kind: StatefulSet
metadata:
  name: redis
spec:
  replicas: 3
  serviceName: redis
  template:
    metadata:
      labels:
        app: redis
    spec:
      containers:
      - command: [sh, -c, source /redis-config/init.sh ]
        image: redis:3.2.7-alpine
        name: redis
        ports:
```

```
        - containerPort: 6379
          name: redis
        volumeMounts:
        - mountPath: /redis-config
          name: config
        - mountPath: /redis-data
          name: data
      - command: [sh, -c, source /redis-config/sentinel.sh]
        image: redis:3.2.7-alpine
        name: sentinel
        volumeMounts:
        - mountPath: /redis-config
          name: config
      volumes:
      - configMap:
          defaultMode: 420
          name: redis-config
        name: config
      - emptyDir:
        name: data
```

你會看到這個 Pod 中有兩個容器。一個是執行 *init.sh* 的 script 和運行主要的 Redis 伺服器，另一個則是監控伺服器的 sentinel。

你也會注意到 Pod 中定義了兩個磁碟區。一個是利用 ConfigMap 來配置兩個 Redis 應用程式的磁碟區，另一個則是 `emptyDir` 磁碟區，為了存放資料它被映射到 Redis 伺服器容器中，以便在容器重啟時保留下來。要有更可靠的 Redis，可以透過第 13 章所述的網路連接硬碟方法，安裝 Redis。

現在已經定義了 Redis 叢集，透過以下方法建立：

```
$ kubectl apply -f redis.yaml
```

玩轉 Redis 叢集

為了驗證你已經成功建立完成 Redis 的叢集，可以做以下這些測試。

首先，確認 Redis sentinel 認為哪台伺服器是主節點。可以在其中一個 Pod，執行 `redis-cli` 指令：

```
$ kubectl exec redis-2 -c redis \
  -- redis-cli -p 26379 sentinel get-master-addr-by-name redis
```

應該會輸出 redis-0 的 Pod IP 位址。你可以利用 `kubectl get pods -o wide` 確認正確 IP 位址。

接下來，確認複製功能正在運作。

先在其中一個 replica 讀取 `foo` 的值：

```
$ kubectl exec redis-2 -c redis -- redis-cli -p 6379 get foo
```

此時應該不會有任何的值。

接下來，試著將值寫入到 replica：

```
$ kubectl exec redis-2 -c redis -- redis-cli -p 6379 set foo 10
READONLY You can't write against a read only slave.
```

你會發現不能將值寫入 replica，因為它只允許讀取。接下來對於 redis-0（主節點）嘗試執行相同的指令：

```
$ kubectl exec redis-0 -c redis -- redis-cli -p 6379 set foo 10
OK
```

看起來成功了，現在試著從其中一個 replica 中讀取值：

```
$ kubectl exec redis-2 -c redis -- redis-cli -p 6379 get foo
10
```

以上的測試表示我們的 Redis 叢集配置正確，資料能夠在主節點和副節點之間複製。

總結

在前面的章節中，我們介紹如何使用 Kubernetes 部署各種應用程式。看到如何將基於服務的命名方式和服務發現整合起來，部署像 Ghost 的網站前端，以及像 Parse 的 API 伺服器，並且看到了將 Pod 抽象化，部署成可靠 Redis 叢集的組件。無論你是否要將這些應用程式，部署到生產環境中，這些範例都顯示了 Kubernetes 可以重複使用這些模式來管理應用程式。我們希望看到在前幾章中所描述的概念能夠在現實世界的例子中得以實現，這有助於你更好地理解 Kubernetes 如何運作。

建立樹莓派（Raspberry Pi）的 Kubernetes 叢集

雖然人們入門 Kubernetes 經常都從公有雲開始，藉由瀏覽器或終端機來觸及雲端上的叢集，但是在裸機上構建 Kubernetes 叢集對於實體機上是非常有幫助的經驗。同樣地，沒什麼能比真的拔掉節點上的電源或網路，看見 Kubernetes 怎麼恢復應用程式來說服你它的實用性。

建立自己的叢集看似既是項艱鉅又是個昂貴工作，但其實不是。透過單晶片（system-on-chip）這種低成本系統，以及為了讓 Kubernetes 更容易安裝，社群做了很多完善，這表示著你可以在幾個小時內，建立小型 Kubernetes 叢集。

在接下來的介紹中會專注於構建樹莓派的叢集，但稍加修改後就能以相同的方法來處理其他的單板機。

零件清單

要構建樹莓派的叢集，第一件事就是組裝這些零件。本章會以一組四個節點的叢集做為範例。你也可以建立一組三個節點的叢集，或甚至一百個節點的叢集，但是四個是非常好的數字。

首先你需要購買（或跟別人要）構建叢集的各種零件。以下是購物清單，這是撰寫本書當時的價格，現在價格可能略有差異：

1. 四片樹莓派 3（樹莓派 2 也可以）—160 美元

2. 四個 SDHC 記憶卡，至少 8 GB（一定要買 high-quality 的！）—30-50 美元

3. 四條 12 英吋 Cat.6 的乙太網路線—10 美元

4. 四條 12 英吋的 USB-A 轉 Micro USB 充電連接線—10 美元

5. 一個 5 埠 10/100 乙太網路交換器—10 美元

6. 一個 5 孔 USB 充電器—25 美元

7. 一個可以放四個樹莓派的機殼—40 美元（或自己做）

8. 一條 USB 電源連接線，用於網路交換器（選用）—5 美元

整個叢集總計約 300 美元。如果想省錢的話，你可以只構建一組三節點的叢集就好，再捨去機殼和 USB 電源連接線（網路交換器用），能夠將費用降到 200 美元（雖然機殼和 USB 電源連接線，可以讓整個樹莓派看起來比較整齊）。

對於記憶卡要注意的事：千萬不要省。因為低階記憶卡本身的不穩定會影響叢集。如果真的要省錢的話，那麼買一張容量較小，但一定要 high-quality 的記憶卡。high-quality 的 8 GB 記憶卡，大約 7 美元左右。

現在，一旦有了這些零件後，就可以開始著手構建叢集了。

準備一個能夠讀取 SDHC 記憶卡的裝置。如果沒有，那你需要有一個 USB 讀卡機。

燒錄映像檔到 SDHC 記憶卡

預設的 Raspbian 映像檔目前可以透過標準安裝來支援 Docker，但為方便起見，你可以使用 Hypriot 專案（*http://hypriot.com*），它已經提供預載 Docker 的映像檔。

進入 Hypriot 下載頁面（*http://blog.hypriot.com/downloads/*），下載最新穩定的映像檔。解壓縮後，應該有一個 *.img* 檔。Hypriot 也有完整的說明文件，教你如何將映像檔寫入記憶卡：

- macOS（*http://bit.ly/hypriot-docker*）
- Windows（*http://bit.ly/hypriot-windows*）
- Linux（*http://bit.ly/hypriot-linux*）

將每張記憶卡都寫入相同的映像檔。

第一次開機：主節點

首先要做的事情是開啟主節點。準備好你的叢集後，決定哪個是主節點。接著需要插入記憶體卡、將螢幕傳輸線插入 HDMI 輸出接口，然後將鍵盤插入 USB 接口上。

接下來，接上電源，啟動電路板。

利用用戶名 pirate，和密碼 hypriot 登錄。

 應該對樹莓派（或任何新裝置）的第一件事就是改預設密碼。那些圖謀不軌的人清楚知道每種程式的預設密碼。如果沒有改掉你的預設密碼的話，這會讓你的設備在網際網路中變得不安全。請改掉預設密碼！

設定網路配置

接下來是設定主節點的網路。

先設定 WiFi 讓叢集與外面世界之間建立連結。編輯 */boot/device-init.yaml* 檔。修改與你現在環境相同的 WiFi SSID 和密碼。如果你要切換網路，那就是要使用這個檔案。編輯完成後，利用 sudo reboot 重啟樹莓派，並驗證網路正常運作。

下一步要樹莓派在內部網路中配置靜態 IP 位址。編輯 */etc/network/interfaces.d/eth0*：

```
allow-hotplug eth0
iface eth0 inet static
    address 10.0.0.1
    netmask 255.255.255.0
    broadcast 10.0.0.255
    gateway 10.0.0.1
```

這樣的配置會讓主要乙太網路介面，具有固定 IP 位址（10.0.0.1）。

重啟設備，以宣告 10.0.0.1 這個 IP。

接下來，在該主節點上安裝 DHCP，以便將 IP 分配給其他節點。執行以下指令：

```
$ apt-get install isc-dhcp-server
```

然後按以下方法，配置 DHCP 伺服器：

```
# 設定域名，基本上可以任意設定
option domain-name "cluster.home";

# 預設使用 Google DNS，你可以用 ISP 提供的 DNS 取代
option domain-name-servers 8.8.8.8, 8.8.4.4;

# 我們使用 10.0.0.X 作為子網路
subnet 10.0.0.0 netmask 255.255.255.0 {
    range 10.0.0.1 10.0.0.10;
    option subnet-mask 255.255.255.0;
```

```
        option broadcast-address 10.0.0.255;
        option routers 10.0.0.1;
    }
    default-lease-time 600;
    max-lease-time 7200;
    authoritative;
```

利用 sudo systemctl restart dhcpd，重啟 DHCP 伺服器。

現在主節點應該有辦法分配 IP 位址了。可以將第二台設備，用乙太網路接到交換器來測試。接上之後，應該會從 DHCP 得到 10.0.0.2 的 IP 位址。

記得編輯 /boot/device-init.yaml，將名稱修改為 node-1。

最後一步是設定網路位址轉換（network address translation, NAT），讓節點能夠存取公開網際網路（如果你想要的話）。

編輯 /etc/sysctl.conf，設定 net.ipv4.ip_forward=1，開啟 IP 轉發。

再來編輯 /etc/rc.local（或相當的檔案），並加入 iptables 規則，使得 eth0 能夠轉發封包至 wlan0（反向也需要）：

```
$ iptables -t nat -A POSTROUTING -o wlan0 -j MASQUERADE
$ iptables -A FORWARD -i wlan0 -o eth0 -m state \
    --state RELATED,ESTABLISHED -j ACCEPT
$ iptables -A FORWARD -i eth0 -o wlan0 -j ACCEPT
```

此時，基本的網路設定應該完成了，將剩下兩塊樹莓派接上電源開機（應該可以看到它們分配到 10.0.0.3 和 10.0.0.4 的 IP 位址）。編輯每台機器上的 /boot/device-init.yaml 檔，分別命名為 node-2 和 node-3。

驗證此設定的首要之務是查看 /var/lib/dhcp/dhcpd.leases，然後用 SSH 連結到節點（記得一定要先更改預設密碼）。檢查節點是否可以連接到外部網際網路。

額外加分

對於網路還有一些技巧，能夠更輕鬆地管理叢集。

首先是編輯每台機器上的 */etc/hosts*，以將名稱映射到正確的地址。在每台機器上新增：

```
...
10.0.0.1 kubernetes
10.0.0.2 node-1
10.0.0.3 node-2
10.0.0.4 node-3
...
```

現在，可以在連進這些機器中時使用這些名稱。

第二是設置無密碼 SSH 登入。執行 ssh-keygen，然後將 *$HOME/.ssh/id_rsa.pub* 檔，附加到 node-1、node-2 和 node-3 中的 /home/pirate/.ssh/authorized_keys。

安裝 Kubernetes

這時候，所有節點應該已經全數上線、有 IP 位址，並且能夠連到網際網路。是時候將所有節點安裝 Kubernetes 了。

利用 SSH，在所有節點中執行以下指令安裝 kubelet 和 kubeadm 的工具。必須是要 root 才能夠要執行指令。可以利用 sudo su，轉換成 root 使用者。

首先，為套件加入加密金鑰：

```
# curl -s https://packages.cloud.google.com/apt/doc/apt-key.gpg | apt-key add -
```

然後將套件來源加入到儲存庫列表中：

```
# echo "deb http://apt.kubernetes.io/ kubernetes-xenial main" \
  >> /etc/apt/sources.list.d/kubernetes.list
```

最後執行更新，並安裝 Kubernetes 工具。另外也會更新系統上的所有套件：

```
# apt-get update
$ apt-get upgrade
$ apt-get install -y kubelet kubeadm kubectl kubernetes-cni
```

配置叢集

在主節點（那個運行 DHCP，並連到網路的節點）上，執行：

```
$ kubeadm init --pod-network-cidr 10.244.0.0/16 \
--api-advertise-addresses 10.0.0.1
```

請注意，要設定的是內部 IP 位址，而不是外部位址。

最終，這會輸出一行將節點加入叢集的指令。像是這樣：

```
$ kubeadm join --token=<token> 10.0.0.1
```

透過 SSH 進入到每個節點，並執行這個指令。

完成後，應該能夠查看你的叢集：

```
$ kubectl get nodes
```

配置叢集的網路

現在有 node 級別的網路配置，但還是需要配置 Pod 到 Pod 的網路。由於叢集中的所有 node 都運作在相同的乙太網路上，因此可以在主機內核中設定正確的路由規則。

管理這個最簡單的方式是使用 CoreOS 推出的 Flannel（*http://bit.ly/2vgBsKU*）。Flannel 支援多種的路由模式，這裡會使用 host-gw 模式。可以從 Flannel 頁面（*https://github.com/coreos/flannel*）下載範例組態設定：

```
$ curl https://rawgit.com/coreos/flannel/master/Documentation/kube-flannel.yml \
  > kube-flannel.yaml
```

CoreOS 提供的預設使用 vxlan 模式，而且用的是 AMD64，而不是 ARM 架構。要解決這個問題，在所有機器上，用你偏好的編輯器打開這個組態檔，把 vxlan 替換成 host-gw，還有把 amd64 替換成 arm。

也可以使用 sed 來處理這個修改：

```
$ curl https://rawgit.com/coreos/flannel/master/Documentation/kube-flannel.yml \
| sed "s/amd64/arm/g" | sed "s/vxlan/host-gw/g" \
 > kube-flannel.yaml
```

一旦更新 *kube-flannel.yaml*，就可以建立 Flannel 網路配置：

```
$ kubectl apply -f kube-flannel.yaml
```

這會建立兩個物件，一個用於配置 Flannel 的 ConfigMap，另一個是運行 Flannel 常駐程式的 DaemonSet。可以用以下方式查看：

```
$ kubectl describe --namespace=kube-system configmaps/kube-flannel-cfg
$ kubectl describe --namespace=kube-system daemonsets/kube-flannel-ds
```

設定 GUI

Kubernetes 提供了豐富的圖形用戶介面（GUI）。可以執行以下指令來安裝：

```
$ DASHSRC=https://raw.githubusercontent.com/kubernetes/dashboard/master/
$ curl -sSL \
 $DASHSRC/src/deploy/kubernetes-dashboard.yaml \
 | sed "s/amd64/arm/g" \
 | kubectl apply -f -
```

要操作這個使用者介面，可以執行 kubectl proxy，然後打開瀏覽器進入 *http://localhost:8001/ui*，其中 *localhost* 是叢集中主節點的本機端。要從你的筆記型電腦 / 桌上型電腦查看，需要執行 ssh -L8001:localhost:8001 < 主節點 *-IP-* 位址 > 來建立到主節點的 SSH 通道。

總結

這時候，應該在你的樹莓派上有 Kubernetes 的叢集了。這對於了解 Kubernetes 來說非常有幫助。分配一些任務到 Kubernetes，打開 UI，試著利用重啟機器或斷開網路來破壞叢集。

索引

※提醒您：由於翻譯書排版的關係，部分索引名詞的對應頁碼會和實際頁碼有一頁之差。

關於作者

Kelsey Hightower 在他的技術職涯裡擁有十分豐富的經驗，他享受擔任領導職時能夠做出成果並完成軟體的體驗。他大力倡導開源理念，致力開發出人們喜歡的工具。你可以在他沒有貢獻 Go 程式碼時，發現他在研討會分享技術心得，內容涵蓋了程式設計到系統管理。

Joe Beda 的職涯從 Microsoft 的 Internet Explorer 部門開始（當時的他年輕而生澀）。在 Microsoft 的 7 年以及 Google 的 10 年中，Joe 專注於 GUI 框架、即時語音、即時聊天、網路電話、廣告領域的機器學習和雲端計算。值得一提的是，在任職於 Google 期間，Joe 是 Google Compute Engine 團隊中的成員，並與 Brendan 和 Craig McLuckie 一起開發了 Kubernetes。現在，Joe 與 Craig 共同成立一間名為 Heptio 的新創公司，而 Joe 擔任 CTO 的職位。他很自豪地說西雅圖是他的家。

Brendan Burns 短暫的在軟體產業開始了他的職涯，隨後攻讀機器人學博士，專注於擬人機器手臂的運動規劃。後來，他當了短暫的計算機科學教授，最後回到西雅圖加入 Google，在網頁搜尋基礎架構團隊負責低延遲索引。在 Google 期間，他與 Joe 和 Craig McLuckie 一起建立了 Kubernetes 專案。Brendan 目前是 Microsoft Azure 的技術總監。

出版記事

本書封面上的動物是寬吻海豚（bottlenose dolphin），英文學名為 *Tursiops truncatus*。

寬吻海豚會以 10-30 條的群落生活，有些數量少至 1 條或達至成千條，這個群落稱為 pod。牠們主要吃魚類，有時會合作捕捉魚群，也有獨自覓食的。牠們主要是靠回聲定位來尋找獵物，這與聲納相似。

寬吻海豚分布在熱帶至溫帶的海洋。身體呈灰色，配以藍灰色、褐灰色或近黑色的陰影。吻背至背鰭後一般較為深色。牠們有地球上哺乳動物中最大的腦與體重比，接近擁有高度智慧及高情商能力的人類或巨猿類。

在 O'Reilly 所出版的書籍中，封面上的動物多半都已瀕臨絕種；牠們對世界而言都是很重要的。若想知道更多如何幫助瀕臨絕種動物們的資訊，請上 *animals.oreilly. com* 網站。

本書封面圖片源自 *British Quadrapeds*。

Kubernetes：建置與執行

作　　者：Brendan Burns, Kelsey Hightower, Joe Beda
譯　　者：林毅民(Sammy Lin)
企劃編輯：莊吳行世
文字編輯：江雅鈴
設計裝幀：陶相騰
發 行 人：廖文良

發 行 所：碁峰資訊股份有限公司
地　　址：台北市南港區三重路 66 號 7 樓之 6
電　　話：(02)2788-2408
傳　　真：(02)8192-4433
網　　站：www.gotop.com.tw
書　　號：A557
版　　次：2018 年 05 月初版
建議售價：NT$520

國家圖書館出版品預行編目資料

Kubernetes：建置與執行 / Brendan Burns, Kelsey Hightower, Joe
　　Beda 原著；林毅民譯. -- 初版. -- 臺北市：碁峰資訊, 2018.05
　　面；　公分
　　譯自：Kubernetes：Up and Running：dive into the future of
infrastructure
　　ISBN 978-986-476-822-6(平裝)
　　1.作業系統　2.軟體研發
312.54　　　　　　　　　　　　　　　　　　　107007949

讀者服務

● 感謝您購買碁峰圖書，如果您對本書的內容或表達上有不清楚的地方或其他建議，請至碁峰網站：「聯絡我們」\「圖書問題」留下您所購買之書籍及問題。(請註明購買書籍之書號及書名，以及問題頁數，以便能儘快為您處理)
http://www.gotop.com.tw

● 售後服務僅限書籍本身內容，若是軟、硬體問題，請您直接與軟體廠商聯絡。

● 若於購買書籍後發現有破損、缺頁、裝訂錯誤之問題，請直接將書寄回更換，並註明您的姓名、連絡電話及地址，將有專人與您連絡補寄商品。

● 歡迎至碁峰購物網
http://shopping.gotop.com.tw
選購所需產品。